河南省高等学校重点科研项目成果（项目编号：18A210027）

红梨规模化优质丰产栽培技术

主编　王尚堃　黄　浅　李政力

科学技术文献出版社
SCIENTIFIC AND TECHNICAL DOCUMENTATION PRESS
·北京·

图书在版编目（CIP）数据

红梨规模化优质丰产栽培技术 / 王尚堃，黄浅，李政力主编. —北京：科学技术文献出版社，2020. 2

ISBN 978-7-5189-6175-7

Ⅰ.①红… Ⅱ.①王… ②黄… ③李… Ⅲ.① 梨—果树园艺 Ⅳ.① S661.2

中国版本图书馆 CIP 数据核字（2019）第 249674 号

红梨规模化优质丰产栽培技术

策划编辑：周国臻　　责任编辑：李　晴　　责任校对：张吲哚　　责任出版：张志平

出 版 者　科学技术文献出版社
地　　址　北京市复兴路15号　邮编 100038
编 务 部　（010）58882938，58882087（传真）
发 行 部　（010）58882868，58882870（传真）
邮 购 部　（010）58882873
官方网址　www.stdp.com.cn
发 行 者　科学技术文献出版社发行　全国各地新华书店经销
印 刷 者　北京虎彩文化传播有限公司
版　　次　2020 年 2 月第 1 版　2020 年 2 月第 1 次印刷
开　　本　710 × 1000　1/16
字　　数　215千
印　　张　13.5
书　　号　ISBN 978-7-5189-6175-7
定　　价　58.00元

《红梨规模化优质丰产栽培技术》编写人员

主　编　王尚堃　黄　浅　李政力

副主编　(按姓氏笔画为序)

马　凤　王资霖　刘艳阳　孙永杰　李　艺

张俊丽　赵　洁　赵正海　徐　炜　高　巨

编　者　(排名不分先后)

王尚堃　王资霖　李　艺　高　巨(周口职业技术学院)

黄　浅　钱健康(周口市农业科学院)

李政力(国有周口林场)

赵正海(周口市农业农村局)

张俊丽　赵　洁(周口市经济作物技术推广站)

徐　炜(河南省农业广播电视学校周口市分校)

刘艳阳　马　凤(太康县林业局)

孙红根　周树广(北京琳海植保科技股份有限公司)

张传来(河南科技学院)

孙永杰(河南省驻马店农业学校)

前　　言

本书是河南省高等学校重点科研项目《红梨新品种规模化优质丰产栽培技术研究与应用》（项目编号：18A210027）的研究成果。红梨是果皮为红色的一系列优良品种的总称，果实营养价值较高，栽培性状优良，市场前景广阔，具有较高的栽培推广价值。

课题组按照项目计划任务书的有关要求，针对当前红梨栽培规模较小，缺乏优良主栽当家品种，一些新品种落花落果严重；规模化栽培投入人力成本较大，果园管理较费工，无系统规模化优质丰产栽培技术规程的现状，从红梨优良品种介绍、红梨生物学特性阐述着手，系统地介绍了红梨育苗技术、建园技术、土肥水管理、花果管理、整形修剪技术和病虫害防治技术及红梨四季栽培管理技术。在栽培试验基础上，总结出了红梨规模化优质丰产栽培的关键技术。适合红梨规模化栽培的需要，设计了7种栽培管理工具：嫁接刀、授粉器、梨树拉枝器、果树可移动式自动升降修剪梯、果树高枝修剪装置、果树疏花疏果剪和可调节式采果剪；2种栽培管理机械：果树除草机、施肥机；1种用于果树的肥水一体化装置。

本项目成果系统性强，条理清晰，总结出的红梨规模化优质丰产栽培高效管理模式具有重要的应用推广价值。

本书在编写过程中，重点参考了《果树无公害优质丰产栽培新技术》（王尚堃、耿满、王坤宇主编，2017）、《果树生产技术（北方本）》（尚晓峰主编，2014）、《果树栽培学各论》（张国海、装传来主编，2008）、《果树生产技术（北方本）》（马骏、蒋锦标主编，2006）、《果树生产技术（北方本）》（冯社章、赵善陶主编，2007）、《果树栽培学各论（北方本）》（第三版，2003）、《梨树高产栽培》（贾敬贤主编，1992）等教材、技术书籍。在书中也重点介绍了编者发表在《中国果树》《中国南方果树》《北方园艺》《中国农学通报》《山西果树》等有关专业杂志上的新技术，结合生产实际，非常实用，并广泛查阅了《光谱学与光谱分析》《果树学报》《果农之友》《北方果树》《西北园艺》等专业杂志。其中，有不少切合实际的经验在本书中均有引用。限于篇幅，无法一一注明，在此一并向各位作者深表谢忱。

由于时间仓促，编者水平有限，书中错漏之处，在所难免，恳请广大读者在使用过程中提出批评意见，以便再版时进一步修改、完善。

编者

2019 年 12 月

目　　录

第一章　红梨栽培概述

红梨是果皮为红色的一系列优良品种的总称，具有较高的营养价值，是一种补充微量元素 K、Fe、Ca、Zn、Cu、Mg、Mn 的理想水果。红梨品种具有国内梨的酥、脆、耐贮运等优点，兼备西洋梨的鲜红色彩，形如苹果，美观漂亮。其品种果个大，风味好，含糖量高，酸甜可口，果肉细腻，石细胞少。与其他梨树品种相比，红梨结果早，丰产性好，自花结实力高。幼树可实现 2 年结果、3 年丰产的要求，且其适应性强，耐贮运，高抗黑星病，具有较高的栽培推广价值。

一、红梨国内外栽培现状

（一）国内栽培现状

我国于 20 世纪 80 年代后期开始了红梨资源的发掘工作，选育出了许多优良的红梨品种，如‘文山红雪梨’‘砚山红酥梨’‘雪山 1 号’‘红南果梨’‘红太阳’‘红香酥’‘美人酥’‘红酥脆’‘红冠王’和‘八月红’等，也引进了一批红梨品种，如‘巨红’‘秋红’‘红考密斯’‘丰月’和‘粉酪’等，这些品种在我国当前梨品种中已占有一定比例，对改善我国梨品种结构、提高梨果实品质、扩大出口量、提升梨果价格起到了良好的作用。

我国西部地区的红梨资源分布较多，华东和东北地区也有分布，西南部的云南省拥有全国数量第一的红皮梨资源，包括沙梨系统中著名的‘火把梨’和‘文山雪梨’等。我国特有的红梨品种资源是新疆梨系统中的‘库尔勒香梨’，因其具有怡人芳香和极佳品质而闻名天下。燕山东部南麓的‘红肖梨’是京郊地区最主要的地方品种，其外形美观，色泽鲜艳，果肉松脆多汁，甜酸爽口，并富含维生素和耐贮藏等优点，深受当地消费者欢迎。

我国科研人员利用杂交育种等手段，选育出了一系列红梨优良品种。中国农业科学院郑州果树研究所以‘库尔勒香梨’为母本、‘鹅梨’为父本，先后选育出了‘红香酥’和‘红香蜜’；用‘幸水’和‘火把梨’杂交相继选育出了‘红酥脆’‘满天红’‘美人酥’一系列新品种，以‘八月红’与‘砀山酥梨’杂交，选育出了鲜红果皮，外观靓丽的‘红宝石’。目前，许多红梨新品种已经在生产上推广应用。山西省果树研究所用‘库尔勒香梨’和‘雪花梨’杂交，选育出了内在品质很好的红梨品种‘玉露香’。吉林省农业科学院果树研究所从‘南果梨’×‘晋酥’梨的杂交组合中选育出抗寒红梨新品种‘寒红梨’。辽宁省果树研究所从‘南果梨’中选育出了一个品质优良的红皮梨芽变品种‘南红梨’。莱阳农学院和塔里木农垦大学利用‘库尔勒香梨’和‘早酥梨’杂交选育出了早熟、优质红梨品种‘新梨 7 号’。这些优良红梨新品种在生产中有一定的栽培面积且有逐步扩大的趋势。

（二）国外栽培现状

国外的红梨主要来源于西洋梨系统，主要分布于美国、英国、法国等欧美国家和小亚细亚、北伊朗、中亚细亚等地区，新西兰、澳大利亚等国家也有栽培。西洋梨系统的一些红皮梨着色面积较大，通常整个果面均呈红色，如原产美国的‘红茄梨’‘红巴梨’‘早红考密斯’和原产意大利的‘罗莎’等，也有西洋梨品种仅阳面有红晕，如原产法国的‘阿巴特’‘伏茄’‘三季茄’和原产意大利‘图人道’‘嘎门’‘艾达’等。

国外红梨育种早期多为芽变选种，选出了‘红巴梨’‘红茄梨’‘红安久’等品种。也有以这些红梨芽变品种进行杂交育种的，但未见育成品种。近年来，红梨在国际市场上备受消费者青睐。在欧洲、美洲和东南亚市场上，其价格是其他颜色梨果的 1 倍以上，一些国家已将其作为了主要发展对象。从 20 世纪 70 年代起，随着‘红巴梨’的引入和其他红梨的培育成功，美国掀起了发展红梨的热潮，品种不断更新。‘红安久’已成为美国取代‘红巴梨’的重点发展品种，华盛顿州已将其作为调整品种结构的首选品种。‘康考得’在欧盟成员国发展很快，也是美国发展最快的品种之一。自 1986 年新西兰发现‘考密斯’芽变 Taylor Gold 后，此品种已成为新西兰重点发展的晚熟品种。意大利以‘红巴梨’‘粉酪’为主要发展品种，比利时的‘日面红’、法国的‘伏茄梨’等在世界各国也有少量栽培。

二、红梨栽培上存在的问题

当前，红梨栽培上存在的主要问题是：红梨栽培规模相对较小，在全国除商水和畅农业发展有限公司栽培规模较大外，在其他地方尚未见规模化成片商品园。红梨品种搭配不合理，如河南省主栽红梨品种‘红香酥梨’‘玉露香梨’均为中熟品种，早熟品种和晚熟品种缺乏，且晚熟品种‘满天红梨’‘美人酥梨’和‘红酥脆梨’口味酸甜，相对不适合北方人的口味，成熟期与其他梨品种上市时间基本一致，市场需求量较少，这不利于红梨产业的持续发展。‘红香酥梨’‘满天红梨’‘美人酥梨’和‘红酥脆梨’品种大多是从中国农业科学院郑州果树研究所引进种植，在引种过程中，对品种的遗传特征、生物学特性、气候适应性等方面的研究薄弱，出现了严重的品种退化、乱调乱繁现象，导致品种杂乱。主栽当家品种较少，单产相对较低，产量不稳，品质较差，采前落果仍是制约红梨优质丰产的关键因素；果园水利配套设施不完善；农户生产投入不足，外出打工，劳动力少，工价高，生产成本高，果农收入低；生产上重栽轻管、栽而不管的现象突出，市场意识淡薄，现代化、标准化、规模化基地建设滞后。缺乏系统、科学、规范的技术支持，在生产上没有科学合理地施肥；土肥水管理、整形修剪、病虫害防治等管理粗放，树体营养生长与生殖生长不平衡，不利于果品正常的生长发育，其应有的优良性状也不能得到充分体现。传统的喷药防治病虫杂草，污染环境，容易造成果实中农药残留量超标，也容易造成土壤结构的破坏。机械化、智能化程度较低，新兴的物联网技术尚未在生产上充分利用。产业化程度较低，市场营销网络尚未形成。红梨未进行分级，在贮藏、包装和运输上，没有相应的技术做指导，大量梨果在贮藏、运输过程中受损，致使红梨在生产、销售上所起的作用非常有限。

三、红梨栽培的发展趋势

红梨栽培发展趋势是稳定栽培面积和产量；调整品种结构，调整区域布局，由栽培品种繁多到集中发展少数品种；由乔化稀植到矮化密植；由整形修剪复杂化到简单、省工化；由单一施用氮肥到复合配方施肥；提高梨果质量，提高经济效益，提高产业化程度。强化地下优化管理技术模式如诊断施肥、果园覆盖、节水灌溉（即大水漫灌到喷灌、滴灌、渗灌）等和花果精细管理技术的普及和推广。在病虫害防治上由单纯的化学防治病虫害到农业、物理、生物和化学综合防治。在保证优质栽培前提下，减少管理成本，实现栽培管理规范化、低成本化及技术轻简化；以“企业+中介组织+基地+果农”的组织化形式进行梨产业化开发，提高梨生产运销的组织化，建立健全梨果采后处理技术体系和从产地到销售市场的贮运技术体系，由一般冷库贮藏到气调贮藏，实现采后技术标准化，使果品质量向着优质、安全和有机方向发展，是提高梨果采后附加值的必然趋势。

四、红梨栽培的市场前景

发展红梨栽培，市场前景广阔。‘满天红梨’在河南的虞城和新乡、甘肃的金昌、辽宁的大连等地栽培试验结果表明：该品种适应性强、结果早、2/3以上果面着生鲜红色、石细胞极少、果心小、味酸甜、有香气、品质上等，在国内外市场售价很高。‘美人酥梨’2002年，上海超市卖到8元/果，昆明超市30元/kg；2003年，在香港市场则卖到25港元/果，新西兰售价7.5纽币/kg；2018年在河南省商水合畅农业发展有限公司，在当地‘新梨7号’已卖到16元/kg，‘红香酥梨’已卖到10元/kg，‘粉红香蜜梨’‘玉露香梨’竟卖到了20元/kg。目前，云南省、甘肃省和河南省等已将红梨作为重点发展对象之一。当前，随着人民生活水平的提高，发展红梨栽培，市场前景广阔，社会经济效益显著。

思考题

红梨栽培上主要存在哪些问题？其发展趋势如何？

第二章　红梨优良品种简介

一、一般红梨品种

（一）新西兰红梨

新西兰红梨又称红佳梨，是中国和新西兰合作培育的12个系列品种。其母本为日本的‘幸水’‘丰水’‘新水’等，父本为中国云南‘火把梨’，因其果皮为红色而得名。通常所说的新西兰红梨是指我国果树育种家王宇霖研究员于1998年从新西兰引入的3个红梨品种：‘美人酥’‘满天红’‘红酥脆’。新西兰红梨具有果个大，果面鲜红；风味好，果肉细腻，石细胞少；结果早，丰产性好，自花结实力高；适应性强，耐贮运，高抗黑星病等主要优点，在生产上具有较高的栽培推广价值。

1. ‘满天红梨’

‘满天红梨’（图2-1）是用‘幸水梨’ × ‘火把梨’ 选育成的优良红梨新品种。树姿直立，干性强，树冠圆锥形，枝干棕灰色，较光滑，1年生枝红褐色，平均长66.8 cm，粗0.9 cm，节间长3.3 cm。嫩梢具黄白色绒毛，幼叶棕红色，两面均有绒毛，节间长36 cm。叶阔卵形，浓绿色，叶柄长3.0 cm，叶柄粗1.6 mm，叶片平均纵横径9.5 cm × 6.9 cm，叶基圆形，叶缘锯齿钝、深有刺毛，先端短尾尖。有花7 ~ 10朵/花序，雄蕊28 ~ 30枚，雌蕊5 ~ 7枚，花冠初开放时呈粉红色，直径4.2 cm，花药深红色；果心小，果实5 ~ 6心室，种子棕褐色，圆锥形，5 ~ 7粒。

果实近圆形至扁圆形，果个较大，平均单果重256 g，最大单果重500 g。果实底色淡黄绿色，阳面着鲜红色晕，占2/3以上。光照充足时果实全面浓红色，外观漂亮。梗洼浅狭，萼洼深狭，萼片脱落，果柄长2.9 cm，粗2.8 mm，果点大且多。果心极小，果肉淡黄白色，肉质酥脆化渣，汁液多，无石细胞或很少，风味酸甜可口，香气浓郁，刚采下来时微有涩味，可溶性固形物含量为 13.5% ~ 15.5%，总糖含量为 9.45%，总酸含量为 0.40%，维生素 C 含量为 3.27μg/100 g，品质上等，较耐贮运，稍贮后风味、口感更好。

树势强旺，枝条粗壮，萌芽率高，成枝力中等。幼树生长势强旺，枝条直立性强，3 年生幼树平均干周 18.41 cm；进入结果期树姿开张，生长势减缓。年新梢生长量 65 cm，枝条尖削度 0.66，果台枝抽生能力强，每台抽枝 2 ~ 3 条，可连续结果。开始结果早：管理较好的条件下，第 2 年始果，第 3 年大部分均可结果。枝条甩放易形成短果枝和腋花芽，以短果枝结果为主，短果枝占总结果量的 70%；中长果枝分别占 20% 和 10% 左右，部分果台抽生中短副梢并当年成花。自花结实力强，易形成顶花芽，花量较大，坐果率高，花序坐果率为 70%，花朵坐果率为 25%，平均坐果 2 个/花序。采前落果较轻，近熟期土壤过于干旱时，有轻微落果现象，极丰产稳产。

花芽萌动期 3 月 23 日，盛花期 3 月 26 日，末花期 4 月 5 日，花期约 10 d。果实 9 月中旬开始着色，9 月下旬至 10 月上旬成熟，果实发育约 165 d，落叶期为 11 月中下旬，全年生育期约 245 d。

抗旱、耐涝、抗寒性较好；病虫害少，对梨黑星病、锈病、干腐病抗性强；蚜虫、梨木虱较少危害。可在砂梨分布区和部分白梨分布区发展种植，尤其适于西南地区、西北地区、辽西地区和黄淮海平原地区栽培。

图 2-1　‘满天红梨’

2. ‘美人酥梨’

‘美人酥梨’（图 2-2）是由‘幸水梨’ × ‘火把梨’育成的优良红梨

新品种。树冠呈圆锥形，树势健壮，枝条直立性强，结果后开张。一般新梢顶端扭曲，嫩梢上密生黄色绒毛，年生长量81.7 cm，平均节间长3.3 cm。叶片长卵圆形，深绿色，长12 cm，宽7.2 cm，叶基短楔形，先端渐尖，叶缘锯齿锐小，刺毛短，具稀梳黄白色绒毛。叶柄长2.86 cm，粗1.89 mm。有花9～10朵/花序，花瓣5～7片；雄蕊27 ～31枚，雌蕊5～7枚；花冠直径4.3 cm，花药粉红色，果心小；种子5～9粒，棕褐色，心型。

果实卵圆形或圆形，单果重260～350 g，大果可达500 g以上。果柄长3.5 cm，粗3.0 mm，部分果柄基部肉质化。果面光亮洁净，底色黄绿，几乎全面着鲜红色彩。果肉乳白色细嫩，酥脆多汁，风味酸甜适口，微有涩味，可溶性固形物含量14%～15%，总糖含量9.96%，总酸含量0.51%，维生素C含量7.22 mg/100 g，品质上等。经贮藏后涩味逐渐褪去，口味更佳。

树势旺，萌芽率高，成枝力弱，幼树生长健壮，直立性强，3年生幼树平均干周15.8 cm；进入结果期树姿开张，生长势减缓。4年生树高3.56 m，冠径1.86 m×1.61 m，干周15.5 cm，萌芽率高达72%，成枝力中等。结果早，种植第2年结果，顶花芽较易形成，花量较大，坐果率高。高接树形成腋花芽能力弱，甩放易形成短果枝，以短果枝结果为主，自花结实能力强。幼树中长果枝较多，果台枝连续结果能力弱。生理落果轻，丰产性好。

郑州市花芽萌动期3月23日，初花期3月26日，末花期为4月5日，花期持续10 d。新梢停长期7月中下旬，果实成熟期9月中下旬，落叶期11月底，全年生育期为235 d。在商丘市正常年份3月底始花，花期10 d左右。8月中旬开始着色，9月上中旬成熟。花期抗晚霜，耐低温能力强。

该品种抗梨黑星病、干腐病、早期落叶病和梨木虱、蚜虫，可适于西南地区、西北地区、辽西地区和黄淮海平原地区发展。

3. ‘红酥脆梨’

‘红酥脆梨’（图2-3）是选用日本优良品种‘幸水梨’做母本与中国云、贵、川一带所产的红色梨品种‘火把梨’做父本，在国内人工杂交后，杂种苗在新西兰培育。经多年全国多点生长结果区试观察，反复优选育成的优良红色梨新品种。

该品种干性较强，树姿较直立，结果后开张，枝条较细软，前端易弯曲。4年生树高2.91 m，南北冠径1.52 m×1.62 m，干高55.4 cm，干周

图 2–2　‘美人酥梨’

15 cm，生长势中庸，新梢年生长量为 58. 9 cm，节间长 3. 5 cm，嫩梢淡黄绿色，极少绒毛，叶、梢均较光滑。叶长卵圆形，浅绿色，叶基微斜，先端渐尖，叶缘锯齿浅，刺毛长，叶长 11. 6 cm，宽 7. 9 cm，叶柄长 2. 94 cm，叶柄粗 1. 88 mm；花朵淡红白色，开放后为粉白色，花冠直径 4. 5 cm，有花 9 ~ 10 朵或 5 ~ 8 朵/花序；花药粉红色，花瓣 8 ~ 10 片或 6 ~ 8 片，多者有 16 片；雄蕊 26 ~ 30 枚，雌蕊 5 ~ 7 枚；果心小，5 ~ 6 心室；种子 6 ~ 10 粒，棕褐色。

果实近圆形或卵圆形，果实周围均匀分布 4 条浅纵沟，果柄长 3. 3 cm，粗 2. 8 mm，部分果柄基部肉质化。单果重 210 ~ 310 g，最大单果重达 400 g 以上。果面浅绿色，果点大而密，阳面着鲜红色晕，占果面 1/2 ~ 2/3，随着果色加深，果点渐不明显。部分果柄基部肉质化，长 3. 3 cm，粗 2. 8 mm。梗洼浅狭，萼洼深狭，萼片脱落。果肉乳白色，肉质细酥脆，汁多味甜，果心小，无石细胞，可溶性固形物含量 13. 0% ~ 14. 5%，总糖含量 8. 48%，总酸含量 0. 39%，维生素 C 含量 7. 03 mg/100 g，品质上等。较耐贮藏。

树势中庸，萌芽率高，成枝力弱。幼树生长势强健，枝条粗壮，直立性强；进入结果期树姿开张，生长势减缓。新梢年生长量 65 cm，枝条尖削度 0. 58。果台枝抽生能力强，每台抽枝 2 ~ 3 条，可连续结果。开始结果早，管理较好的条件下，2 年始果率可达 35%，3 年大部均可结果，易形成腋花芽和短果枝，以短果枝结果为主，占总结果枝的 73%，中长果枝分别占 18% 和 9%。顶花芽较易形成，成花容易，花量较大，坐果率高，花序坐果率为76%，花朵坐果率为23%，平均坐果2.1个/花序。采前落果较轻，极丰产稳产。

花芽萌动期3月23日，盛花期3月26日，末花期4月5日。果实成熟期9月中下旬。果实发育约165 d，落叶期为11月中下旬，全年生育期约235 d。

抗旱、耐涝、抗寒性较好，病虫害少，对梨黑星病、锈病、干腐病抗性强，蚜虫、梨木虱较少危害。可在沙梨分布区和部分白梨分布区种植，尤其适于西南地区、西北地区、辽西地区和黄淮海平原地区发展。

图2-3　‘红酥脆梨’

（二）‘库尔勒香梨’

‘库尔勒香梨’（图2-4）是新疆维吾尔自治区特产，中国国家地理标志产品，被誉为“梨中珍品”“果中王子”，在海外市场被誉为“中华蜜梨”，是我国特有的地方红梨品种资源。幼树直立，呈尖塔形；成年树冠呈圆锥形或半圆形。树势强，枝条较开张，萌芽力中等，成枝力强。定植后3~4年开始结果，丰产、稳产，以短果枝结果为主，腋花芽、长果枝结实力也很强。

果实果形不规则，一般为圆卵形或纺锤形，有沟纹。果面黄绿色、阳面有条状暗红色晕、果面光滑、蜡质厚、有5条明显纵向肋沟；果点小而不明显，脱萼或宿存，萼洼中等深广，宿萼果约占75%；果梗端部、基部膨大为肉质或半肉质，梗洼浅而窄；皮薄、果心中大、果肉白色、肉质细腻酥脆、汁多味甜、近核部微酸，完熟后有香味，可溶性固型物含量为11%~14%，品质极上。平均单果重110 g，最大可达174 g。适应性广，沙壤土、黏重土均能适应。

该品种3月为萌芽期，4月为开花期，9月20日前后为果实成熟期。极耐贮藏，普通窖藏可贮至翌年3月，冷库贮藏可贮至翌年6月，气调贮藏可贮至翌年9月，仍保持鲜嫩如初，原汁原味。抗逆性强，能耐受住 -22 ℃的低温，耐干旱、盐碱、瘠薄能力强。抗病虫能力强。适宜在渤海湾、华北平原、黄土高原，川西、滇东北，南疆及甘、宁等地区发展。

图2-4　‘库尔勒香梨’

（三）‘红香酥梨’

‘红香酥梨’（图2-5）是‘库尔勒香梨’×‘鹅梨’杂交培育而成。树冠中大，圆头形，较开张；树势中庸，萌芽力强，成枝力中等，嫩枝黄褐色，老枝棕褐色，皮孔较大而突出。枝条硬脆，易折易劈裂，骨干枝开张角度易早（在幼树期开张角度）。主枝角度以60°左右为宜。叶片卵圆形，叶缘细锯齿。花冠粉红色。以短果枝结果为主，有腋花芽结果习性，果台连续结果能力强，早果性极强，定植后第2年即可结果，丰产稳产，采前落果不明显。

果实纺锤形或长卵形，果形指数1.27，部分果实萼端稍突起。平均单果重220 g，最大单果重可达489 g。果面洁净、光滑，果点中等较密，果皮绿黄色，向阳面2/3果面鲜红色。果肉白色，肉质致密细脆，石细胞较少，

汁多，味香甜，可溶性固形物含量为13.5%，品质极上。

‘红香酥梨’，郑州地区果实8月下旬或9月上旬成熟。在山东省曲阜市吴村镇‘红香酥’梨4月10日左右开始萌芽；4月13日初花，4月15日末花，花期12 d；果实于7月初成熟，果实发育期80 d；11月底落叶，全年生长期约为220 d。较耐贮运，冷藏条件下可贮藏至翌年3—4月。采后贮藏20 d左右，果实外观更为艳丽。

适应性较强，高抗黑星病。凡种植过‘砀山酥梨’或‘库尔勒香梨’的地方均可栽培。以我国西北黄土高原、川西、华北地区及渤海湾地区为最佳种植区。

图2-5　‘红香酥梨’

（四）‘红宝石梨’

‘红宝石梨’（图2-6）是‘八月红梨’×‘酥梨’选育而成。其树冠为纺锤形，5年生树高3.6 m，冠幅2.7 m×2.0 m，干周20 cm，1年生枝红褐色，多年生枝灰褐色；枝条生长势中庸，尖削度大，节间长度中等，平均长4.3 cm，皮孔长圆性形，灰白色；叶片长12.5 cm，宽7.1 cm，叶柄长2.5 cm，叶片长卵圆形，深绿色，叶尖急尖，叶基楔形，叶缘锯齿尖锐；有花5～7朵/花序，花瓣卵圆形，雌蕊4～5枚，雄蕊19～22枚；花药米黄色，药隔粉红色；果实5心室，单果种子数6～10粒，黑褐色，心脏形。

生长势中庸，干性较强，树姿较开张，萌芽率中等，成枝力较弱；嫁接苗3年结果，5年丰产；产量可达3800 kg/亩①。以短果枝结果为主，占75.2%，中果枝25.6%；花量适中，坐果率高，花序坐果率82%，花朵坐果率18%；果台副梢一般1～3个/果台，平均2.1个，连续结果能力中等，平均坐果1～3个/花序，无采前落果和大小年结果现象，丰产稳产。

果实近纺锤形，平均单果重280 g，纵径9.8 cm，横径7.8 cm；果皮光滑，几近全红色，果点小而疏，萼洼浅狭，萼片宿存，果梗较长，平均6 cm；果肉乳白色，肉质细脆、稍硬，汁液中等，石细胞少，果心较小，可溶性固形物含量为14.6%，可滴定酸含量为0.29%，维生素C含量为72.4 mg/kg,果实去皮硬度9.2 kg/cm^2，风味酸甜爽口，品质中上；较耐贮藏，常温下可贮藏20 d左右，贮后风味更佳。

在郑州地区果实8月下旬成熟，果实发育期约145 d。该品种是白梨、沙梨和西洋梨的杂交种，耐涝、耐瘠薄，对轮纹病、黑斑病和腐烂病均有较强的抵抗能力。其适应强，可作为我国华北北部、东北秋子梨产区和西北等地的主栽中晚熟品种推广发展。

图2-6　‘红宝石梨’

① 1亩≈667 m^2。

（五）‘八月红梨’

‘八月红’梨（图 2-7）是中国农业科学院果树研究所和陕西省果树研究所用‘早把梨’×‘早酥梨’育成。该品种树姿开张，冠形阔圆锥形。主干暗褐色，光滑。1 年生枝红褐色。嫩叶绿黄色，叶长椭圆形，中等大，横径 5.2 cm，纵径 8.7 cm，叶绿色，叶缘锯齿状。有花 6～8 朵/花序，花冠小，白色。

该品种树势强健。幼树直立生长，萌芽力强，成枝力中等，结果早。栽后第 3 年开始结果，各类果枝均能结果。幼树以长果枝、腋花芽结果为主；成年树以中短果枝结果为主，早期丰产性强，果台副梢连续结果能力强。花序坐果率和花朵坐果率均高，平均坐果 3.8 个/果台，落果轻，丰产、稳产。

果实卵圆形，果梗短，约 2.35 cm，果梗先端木质。梗洼浅狭，萼片宿存，萼洼中深。果个大小均匀整齐，平均单果重 255 g，最大单果重 440 g。果皮中厚，底色浅黄，阳面有粉红色，着色部分占 1/2 左右，外观美丽。在辽宁建平地区果实更为鲜艳。果面平滑，稍有棱起，蜡质少，果点小而密，果心中等偏小，果肉乳白色，细脆，石细胞少，汁多，味酸甜，香气浓。采收后室温下存放 20 d 左右，底色金黄，香味更浓，品质风味更佳。可溶性固形物含量为 11.9%～15.3%，可溶性糖含量为 10.01%～11.36%，维生素 C 含量为 2.03 mg/100 g，品质极上。

在辽宁省建平县，该品种花芽萌动期为 4 月 15 日，初花期为 5 月 5 日，盛花期为 5 月 10 日，终花期为 5 月 15 日，果实成熟期在 8 月下旬至 9 月上旬，落叶期至 10 月下旬。对土壤要求不严格，但必须选有灌溉条件的水浇地。抗寒能力强，栽后几年从未发现幼树及花期冻害。抗旱、耐寒、耐贫瘠，抗风能力强。抗黑星病、腐烂病、梨木虱能力强。

（六）‘红香蜜梨’

‘红香蜜梨’（图 2-8）是新疆‘库尔勒香梨’×郑州‘鹅梨’杂交培育出的优良新品种。幼树生长旺盛，直立性强，树冠长圆形，成年树树姿较开张。多年生枝灰白色，较光滑，主干铁灰色，较粗糙，外皮呈块状剥裂。1 年生枝黄褐色，枝条节间较长为 3.8 cm，基部有 2～3 节盲节。叶片长卵圆形，长 12.9 cm，宽 7.6 cm，深绿色，微内卷，叶缘锐锯齿，排列整齐，叶尖突尖，基部椭圆形。叶柄长 6.1 cm，粗 0.21 cm。有花 5～6 朵/花序，

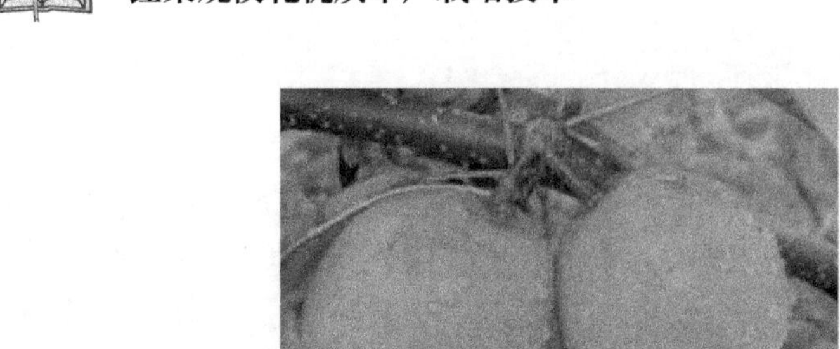

图 2–7 ‘八月红梨’

花瓣 5 片/花，花瓣长椭圆形，花冠粉红色，雌蕊 5 ~ 6 枚，雄蕊 29 枚。

果实近似纺锤形或倒卵圆形，平均单果重 235 g，底色黄绿色，阳面鲜红色晕。果实纵径 7. 6 cm，横径 7. 0 cm，果形指数 0. 92；果面洁净，无锈，果点明显较大；果实梗洼浅狭，萼洼深狭，萼片脱落，部分果实萼端具有棱状突起；果柄长 4. 5 cm，粗 0. 4 cm，果柄先端肉质化；果心小，果肉乳白色，肉质酥脆细嫩，石细胞少，汁液多，总糖含量为 10. 72%，总酸含量为 0. 092%，维生素 C 含量为 5. 16 mg/g，可溶性固形物含量为 13. 5% ~ 14. 0%，风味甘甜，浓香可口，品质极上。果实室温下可贮放 30 d 以上，冷库或气调条件下，可贮放至翌年 3—4 月。种子棕褐色较大、饱满，3 ~ 6 粒。

幼树生长势强健，进入盛果期渐缓，枝条逐步开张。8 年生树高 4. 9 m，冠径东西 3. 8 m，南北 3. 2 m，干周 50. 4 cm。年新梢生长量平均 63. 4 cm，萌芽率中等达 58%，成枝力中等为 2 ~ 3 个。定植苗木 3 年始果，5 ~ 6 年进入盛果期，以中短果枝结果为主，有一定量的长果枝，占 16%，中果枝占 26%。果台副梢抽生能力中等，果台枝连续结果能力弱，平均坐果 1. 6 个/果台，采前落果不明显，较丰产稳产。5 年生年产量 1600 kg/亩，6 年生年产量 280 kg/亩。大小年结果和采前落果现象不明显。

该品种在郑州地区，花芽萌动期为 2 月下旬，初花期为 3 月 21 日，盛花期为 3 月 25 日，末花期为 4 月 2 日，花期持续 10 d 左右。果实 9 月上旬成熟，果实发育期 130 d 左右，11 月下旬落叶，全年生育期天数约 210 d。

抗逆性强，抗旱、抗寒、耐涝、耐瘠薄，耐盐碱。病虫害少，高抗梨黑

星病、锈病、干腐病等；食心虫、蚜虫危害较少，仅果实近成熟期易遭受鸟类危害。可在白梨、新疆梨和部分砂梨分布区发展栽培，尤其适合西北地区、黄淮海地区和辽西、京郊地区种植，有望成为我国生产主栽良种。

图 2-8　‘红香蜜梨’

（七）‘寒红梨’

‘寒红梨’（图 2-9）是由‘南果梨’×‘晋酥梨’选育而成。该品种树冠呈圆锥形，树干灰褐色，表面有条状裂纹，多年生枝暗褐色，表面较光滑，枝条分布较密；1 年生枝条粗壮、坚实；皮孔长圆形、黄褐色、分布较疏散，节间长 3.4～6.8 cm，平均长为 5.06 cm；苗木和成树当年生新梢，均表现红色（非茸毛颜色），着生其上叶片无论叶片、叶脉、叶缘及刺芒均为红色；花芽中大，圆锥形，鳞片中大，紧密，叶芽偏小，三角形，向上渐尖，离生；叶片中等偏小，长椭圆形（10.5 cm×6.28 cm），叶尖渐尖，叶基圆形，叶缘单锯齿状，刺芒中长，叶柄长 1.93 cm，粗 016 cm，完全花，白色，雌蕊柱头 3～5 裂，浅黄绿色，雄蕊 20～31 枚，花粉量大，7～8 朵花/花序。

果实圆形，平均果重 170～200 g，最大果重 450 g，横径 6.52～7.93 cm，纵径 6.61～8.04 cm，果实整齐。果实成熟时阳面覆红色。果实于每年 8 月中下旬开始着色，片红或条红，除树体内膛光照不好的果实着色

图 2-9 ‘寒红梨’

相对较差外，一般覆盖面积能达 30%~65%；着色较差果实，成熟时果面鲜黄。果肉细，酥脆、多汁，石细胞少，果心中小，酸甜味浓，保留一定的‘南果梨’香气，可溶性固形物含量为 14%~16%，总糖含量为 7.863%，抗坏血酸含量为 11.97 mg/100 g，品质上。耐贮藏，在普通窖内可贮藏半年以上，贮藏后品质更佳。

树势强健，干性强，长势旺盛。6 年生平均树高 3.42 m，干周 0.358 m，冠径 4.07 m×2.77 m，树冠半开张。1 年生枝充实，新梢年生长量 65.4 cm，粗 0.68 cm，节间长 5.06 cm，枝条萌芽率较高，除基部几个瘪芽外，其他芽均可萌发；成枝力中等。在肥水好的苗圃地嫁接苗当年基部芽能萌发抽生中长枝。低接苗 4~5 年生结果，开花株率 7.5%；长果枝结果比例高，短果枝次之，中果枝和腋花芽也有结果。高接树 2~3 年见果，以短果枝结果为主。花序坐果率为 86.3%，花朵坐果率为 70%，平均坐果数 4.2 个/花序，生产上必须疏花、疏果。果柄长，坐果牢固，无采前落果现象。低接树 4~5 年结果，4 年生开花株率 7.5%，5 年生开花株率为 30%，平均产量 3 kg/株，6 年生开花株率为 60%，平均产量 8 kg/株。高接树 3 年结果，结果株率为 66.8%，平均产量 11.5 kg/株，4~5 年生结果株率为 100%，平均株产 29.3~38.5 kg/株，最高产量 35.0~50.8 kg/株。自花不结实，栽植必须配置适宜授粉树。

在吉林省中部地区，‘寒红梨’4 月中下旬花芽膨大，4 月末花芽开绽，5 月初花芽开放，5 月上中旬盛花，6 月上中旬生理落果，7 月中下旬新梢停

止生长，9 月下旬果实成熟，10 月中旬落叶。

该品种抗寒力强，一般年份高接树和低接树基本无冻害发生。叶、果抗黑星病能力均较强，一般年份基本上不染黑星病，特殊年份发生也较轻。此外，该品种也抗轮纹病。适宜在年平均气温 >4.5 ℃，无霜期 >130 d，有效积温 >2800 ℃的地区广泛栽植。

（八）'南红梨'

'南红梨'（图 2-10）是'南果梨'芽变形成的优质红梨新品种。树姿直立，树干褐色。1 年生枝黄褐色，平均长度 45.6 cm，节间长中等，平均 3.7 cm，皮孔密度中等，叶芽离生，顶端尖，芽托小。叶片卵圆形，叶柄平均长 2.2 cm，叶片平均长 9.02 cm，平均宽 5.41 cm，幼叶暗红色，叶面伸展为抱合状态，叶背无茸毛；叶尖急尖，叶基圆形，叶缘锐锯齿，裂刻无，有刺芒。花朵数 8.2 朵/花序，花蕾浅粉色，花冠直径 3.68 cm。花瓣相对位置分离，花瓣数 5 枚/花，柱头低于花药，花药淡紫色。雄蕊 21 枚/朵，花粉正常发育。

果实圆球形，平均单果重 84.6 g，最大单果重 175.8 g。果面鲜红色，片红，着色指数为 0.89，光滑，底色黄绿色。果点小、密。果柄短，梗洼浅，萼洼深；果皮中等，果心小；果肉白色，果实后熟后肉质细腻多汁，风味酸甜，香气浓，石细胞少；可溶性固形物含量为 17.3%，总糖含量为 115.0 g/kg；可滴定酸含量为 4.1 g/L，Vc 含量为 20.0 mg/kg；果皮叶绿素含量为 0.07 mg/g，花青苷含量为 35.90 μg/g，品质极上。常温下可贮藏 15 d左右。

树体生长势强，幼树生长直立，6 年生树高 4.2 m，干周 23.0 cm，冠径 3.10 m×2.90 m；萌芽率高，平均在 89.1%；成枝力强，平均 4 个。新梢长度 45.6 cm，新梢粗度 0.54 cm；腋花芽较少。长、中、短枝比率分别为 28.5%、10.0% 和 61.4%；花芽率为 42.6%，坐果 2.21 个/花序；栽后第 4 年开始结果，5 年生产量 1.03 kg/花序，6 年生产量 20.50 kg/花序，7 年生产量 26.20 kg/花序。

在辽宁省海城市王市镇 4 月上旬萌芽，4 月下旬盛花，9 月中下旬成熟，10 月末至 11 月初落叶，树体营养生长期约 200 d。抗寒能力较强，在辽宁省南果梨产区有非常广阔的应用前景。

图 2-10　‘南红梨’

（九）‘粉红香蜜梨’

‘粉红香蜜梨’（图 2-11）实际上是一个系列品种，分 1 号、2 号和 3 号 3 个品种，是我国权威育梨种专家王宇霖先生与新西兰皇家科学研究院所共同合作而创新的品种，于 2011 年育种成功。1 号梨 9 月上旬成熟，平均单果重 400 g 左右；2 号梨 8 月上旬成熟，平均单果重 280 g 左右，可不用套袋；3 号梨 8 月上旬成熟，平均单果重 280 g 左右。其共同特点是结果后果形呈圆形，表皮呈现晶莹的粉红色、果皮细腻、富有光感尤其透亮。品质极优：细嫩多汁，味浓香甜、酥脆，无任何酸涩味，无石细胞，果心极小，含糖量为 19%，早果性好，耐储藏。抗病性强，极丰产，易管理，口感成冰

图 2-11　‘粉红香蜜梨’

糖甜味并带有芬芳的荔枝香味。对土壤要求不严，不论山地、滩地和砂地，还是在红黄壤地，甚至盐碱地都可生长结果。

（十）'玉露香梨'

'玉露香梨'（图2-12）是山西省农科院果树研究所用'库尔勒香梨'×'雪花梨'选育而成。幼树生长势强，结果后树势转中庸。萌芽率高(65.4%)，成枝力中等，嫁接苗一般3～4年结果，高接树2～3年结果，易成花，坐果率高，丰产、稳产。

果实大，平均单果重236.8 g，最大单果重450 g；果实近球形，果形指数0.95。果面光洁细腻具蜡质，保水性强。阳面着红晕或暗红色纵向条纹，采收时果皮黄绿色，贮后呈黄色，色泽更鲜艳。果皮薄，果心小，可食率高达90%。果肉白色，酥脆，无渣，石细胞极少，汁液特多，味甜具清香，口感极佳；可溶性固形物含量12.5%～16.1%，总糖含量8.7%～9.8%，酸含量0.08%～0.17%，糖酸比68.22～95.31∶1，品质极佳。果实耐贮藏，在自然土窑洞内可贮4～6个月，恒温冷库可贮藏6～8个月。山西晋中地区4月上旬初花，4月中旬盛花，果实成熟期8月底9月初，8月上中旬即可食用，果实发育期130 d左右，11月上旬落叶，营养生长期220 d左右。树体适应性强，对土壤要求不严，抗腐烂病能力强于酥梨、鸭梨和香梨，次于雪花梨和慈梨；抗褐斑病能力与酥梨、雪花梨等相同，强于鸭梨、金花梨，次于香梨；抗白粉病能力强于酥梨、雪花梨；抗黑心病能力中等。

图2-12　'玉露香梨'

适宜区较广泛，我国山西、河北、辽宁、陕西、新疆、甘肃和宁夏等省（区）梨适栽区都可种植。

（十一）'新梨7号'

'新梨7号'（图2–13）是'库尔勒香梨'×'早酥'梨有性杂交选育而成。为优质早熟红梨新品种。实生树树势中庸，树姿半开张，主干灰褐色。10年生树冠径东西长3.2 m，南北长3.3 m；干高45 cm，干周36.5 cm，1年生枝皮绿色，初生新梢被有茸毛，略带红色，皮孔大、密、微凹、圆形。节间长3.29 cm，叶片椭圆形，深绿色，叶尖渐尖，叶基圆形，叶缘细锯齿，具刺芒。叶片横径平均6.45 cm，纵径10.30 cm，叶片厚0.03 cm，叶柄长3.51 cm。花芽肥大，圆锥形。有花5～12朵/花序，花瓣重叠，白色，花药粉红色，花粉不育。

图2–13 '新梨7号'

果实卵圆形或椭圆形，中大，平均单果重176.8 g，底色黄绿色，阳面有红晕。果皮薄，果点中大而密，圆形。萼洼浅，萼片宿存，开裂。果肉白色，肉质酥脆，汁多，石细胞极少，果心小，可食比例1.06，果实去皮硬度5.3 kg/cm^2，可溶性固形物含量为12.1%，风味甜爽，清香。果实耐贮藏，普通土窖可贮藏至翌年4—5月。

树势中庸偏强，树姿半开张。5年生树高3.8～4.2 m，冠径2.3 m×2.5 m，干径6.7～8.0 cm，1年生枝平均长1.0～1.6 m，粗1.32 cm，节间长4.58 cm。萌芽率高，成枝力中等。幼树以中、短果枝结果为主，成龄树

长、中、短枝均可结果。幼树分枝开张角度大，成花能力强，花序坐果率高，采前不易落果。早果性好，丰产稳产性强；做地砧木嫁接后第3年开始结果，最高产量可达12.9 kg/株。

在新疆阿拉尔地区3月下旬萌芽，4月上中旬开花，7月中旬果实成熟，10月下旬落叶，营养生长期210 d。

该品种适应性强，树体抗盐碱，耐旱力强，抗寒力较强，较抗早春低温寒流，树体和果实抗病能力强。香梨、早酥、苹果梨、巴梨品种的适栽地区均适宜栽培发展。

（十二）'新梨10号'

'新梨10号'（图2-14）是'库尔勒香梨'×'鸭梨'人工杂交选育而成。树冠自然圆锥形，树姿较开张。幼树生长健旺，1年生枝绿黄色，多年生枝灰褐色，枝条着生姿态平斜；皮孔中密、大、卵圆形，节间平均长2.8 cm，叶芽小，三角形，贴生，叶片平均长10.63 cm，平均宽8.09 cm，叶形指数1.31，叶柄平均长度3.10 cm。叶片卵圆形或椭圆形，叶基圆形或楔形，叶尖急尖，叶缘锐锯齿状。叶色深绿，叶姿水平，叶面有皱褶。花芽大，卵圆形，贴生，平均有花7.2朵/花序，花蕾浅粉红色，花粉量大；花瓣卵圆形，离生，相对位置交错重叠。

果实卵圆形，果形端正，萼片脱落，萼洼平滑、浅、广，平均单果重174.8 g，果形指数1.13，果实大小整齐一致。果实底色浅绿色，阳面着鲜红色条纹或晕，果面光亮，果皮薄，果点密，中等大小。果肉乳白色，肉质松脆，汁液多，石细胞少，风味酸甜适口，品质上等。可溶性固形物含量为12.5%，可溶性糖含量为8.5%，可滴定酸含量为0.17%，维生素C含量为39.2 mg/kg，果实去皮硬度7.42 kg/cm^2。较耐贮藏，货架期25 d，冷藏条件下可贮藏5~6个月。

树势中庸，萌芽率高，成枝力中等，以短果枝结果为主，占74.9%。在自然状态下极易成花，坐果率高，果台枝连续结果能力强。花序坐果率为68.4%，花朵坐果率为25%，平均坐果2.2个/花序。花粉量大，可与'库尔勒香'梨互为授粉树。盛果期短果枝比率、花序坐果率和花朵坐果率均高于'库尔勒香'梨，萌芽率和成枝力比'库尔勒香'梨略低。嫁接后当年夏季采取拿枝、扭枝、摘心等缓势促花修剪手法，当年即形成花芽，第2年开花株率57.4%，第3年开花株率100%，平均产量3.2 kg/株，最高产量7.0 kg/株，6年生树平均产量60 kg/株，最高产量80.6 kg/株，产量可达2700 kg/株，连续丰产能力强，大小年现象不明显，采前无落果现象。早果丰产性明显超过‘库尔勒香’梨。

在新疆库尔勒地区，该品种3月下旬芽萌动，4月上中旬进入盛花期，盛花后7d左右落花，6月落果现象极轻。9月上旬果实渐进成熟期，9月中旬为最佳采收期。果实发育期140～150 d，10月底落叶，年生育期210 d左右。适应性广，壤土、沙壤土、黏壤土都能适应栽培，抗寒性强。适合在新疆南疆地区及其冷凉地区栽培。

图2-14 ‘新梨10号’

（十三）‘红太阳梨’

‘红太阳梨’（图2-15）是中国农业科学院郑州果树研究所培育的中熟红梨品种。该品种树冠圆锥形，树势中庸偏强，枝条较细弱，新梢当年生长量88 cm，节间长45 cm，嫩枝红褐色，多年生枝红褐色；皮孔较小，叶芽细圆锥形，花芽卵圆形，有花6～8个/花序；花冠粉红色；种子中等大小，卵圆形，棕褐色。

该品种果实卵圆形，形似珍珠，外观鲜红亮丽，肉质细脆，石细胞较少、汁多，果心较小，5心室，种子7～10粒。平均单果重200 g，最大单果重350 g。果实硬度带皮7.17 kg/cm^2，可溶性固形物含量为12.4%，总糖含量为9.370 g/100 g，总酸含量为0.104 g/100 g，维生素C含量为

6.592 mg/100 g，酸甜适口，品质上等。果实常温下可贮藏 10 ~ 15 d，冷藏条件下可贮藏 3 ~4 个月。

普通高大株型，6 年生株高 3.5 m，冠径东西 3.0 m，南北 3.0 m，干周 40 cm。生长势中庸偏强，萌芽率高达 78%，成枝力较强，3 ~4 个，结果早。一般嫁接苗定植 3 年开始结果。以短果枝结果为主，长果枝亦能结果。短果枝连续结果能力很强，一般可结果 3 年以上，果台副梢抽生能力亦强，一般可抽生 1 ~2 个/果台。花序坐果率高达 67%，花朵坐果率为 26%。无采前落果现象，丰产稳产。

在山东聊城市花芽萌动期在 3 月 10 日，叶芽萌动期在 3 月 22 日，初花期通常在 4 月 8 日，盛花期在 4 月 13 日，落花期在 4 月 17 日左右。果实 7 月底 8 月上旬成熟，发育期约 120 d。在郑州地区 8 月上旬成熟。

对土壤适应性强，在红黄酸性土壤、潮湿的草甸土、碱性土壤亦能生长结果，以深厚肥沃沙质壤土最好，特别是在黄河故道地区品质好，着色艳。抗旱、耐涝能力较强，抗病性强，在各地均无明显病害发生。无论高海拔山地或低海拔平原都能着色很好，是目前中国梨品种群中着色最鲜艳的红梨品种。

图 2-15　‘红太阳梨’

（十四）‘早酥红梨’

‘早酥红梨’（图 2-16）是‘早酥梨’的芽变品种。该品种树姿直立，1 年生枝直立，红褐色。幼叶褐红，成熟叶绿色。6 ~8 朵花/花序，花蕾粉红色，花药紫红色，雄蕊低于雌蕊。

在陕西大荔地区，该品种果实呈卵圆形或长卵圆形，具有棱状突起，形状均似早酥。平均单果重270 g，最大单果重560 g。幼果全红，膨大期红色变浅红色，成熟后果实全红，果面光滑，有光泽，红黄色相间。果皮薄而脆，果心较小，果肉莹白质细，酥脆爽口，石细胞小，汁多，味甜略带微酸，可溶性固形物含量为11%~14%，含糖量在12.2%左右，果实耐贮藏，常温下可贮藏20 d，恒温冷藏中可贮藏8~10个月。

在陕西大荔地区，该品种生长势强。萌芽率高，树体中大，树姿较开张，成枝力强。幼树生长势旺，结果后树势转为中庸，以中短果枝结果为主，连续结果能力强，大小年不明显。1年生枝、叶脉均为紫红色。苗木定植后3~4年结果，高接换头2~3年结果，易成花，坐果率高，丰产稳产，一般盛果期平均产量3500 kg/亩。

一般在渭北地区，3月上旬花芽萌动，3月下旬至4月上旬开花，7月中下旬果实成熟，果实发育期90 d左右。11月下旬至12月上旬落叶。而在陕西大荔地区，3月中旬萌芽，4月初盛花，7月底至8月初成熟。果实发育期100 d左右，11月中旬叶片开始脱落。

该品种适应性广，比较抗旱、抗寒、耐涝、耐瘠薄，可在北方主要梨产区栽培。

图2-16 ‘早酥红梨’

（十五）'奥冠红梨'

'奥冠红梨'（图2-17）是'满天红梨'红色芽变品种。该品种树姿较直立。多年生枝绿褐色，光滑，皮孔大而明显；当年生枝青褐色，新梢密生灰白色茸毛。成熟叶片长狭椭圆形，叶片肥厚，较大，横径7.63 cm，纵径11.38 cm。叶片正面主脉上密生白色茸毛，叶背仅主脉上有稀疏的白色茸毛；叶柄斜生，平均长2.84 cm，密生白色茸毛；叶基圆形，叶尖渐尖或长尾尖，叶缘细锯齿，有刺芒，叶芽小，三角形；花芽大而饱满，长椭圆形。有花9～11朵/花序，花药紫红色，花冠白色，圆形。

图2-17　'奥冠红梨'

果实扁圆形或近圆形，平均纵径9.0 cm，横径9.8 cm，果形指数0.92。果个大，平均单果重650.0 g，最大单果重960.0 g。果皮浓红色，阳面和阴面均能着色，着色面积占果皮总面积的80%～95%。果皮光滑，果点小而不明显，梗洼深、广，果梗短、粗；脱萼，萼洼深、狭。果心小，圆形，对称。心室5个，小，呈卵形。果皮中厚，果肉乳白色，肉质细、脆，石细胞少，香气浓郁，风味酸甜，品质上等，可溶性固形物含量为14.60%，糖酸比为16.3∶1。较耐贮藏，在常温下可贮藏40～50 d，冷库可贮藏至翌年4月。

幼树生长势较强健，结果后生长势中庸。以杜梨做砧木，4年生树高3.0 m，干周16.5 cm，冠径2.10 m×2.25 m。萌芽率86.56%，成枝力比

‘满天红梨’低。1 年生枝平均长 96.0 cm，粗 0.86 cm，平均节间长 3.64 cm。初结果树以短果枝结果为主，坐果 5～7 个/花序。连续结果能力强，丰产稳产。开始结果期比‘满天红梨’早：嫁接苗定植后第 2 年开始结果，第 4 年产量为 40.18 kg/株。

在山东省聊城市，花芽萌动在 4 月上旬，叶芽萌动在 4 月上旬至中旬，盛花期在 4 月中旬，果实成熟期在 9 月中旬，果实发育期 145～150 d，落叶 11 月初至 11 月中下旬，年营养生长期 215～240 d。树体适应性强，耐瘠薄，耐盐碱，抗黑斑病和黑星病能力强。

（十六）‘香红蜜梨’

‘香红蜜梨’（图 2-18）是用‘矮香梨’×‘贺新村梨’杂交选育而成。树姿开张，株型半矮化，树势中等，树形纺锤形，主干红褐色，多年生枝褐色，2～3 年生枝淡红色，1 年生枝深红色，有茸毛；叶芽小，三角形，离生。花芽小，长椭圆形，鳞片赤褐色。嫩叶黄绿色，茸毛数量少。叶柄平均长 4.3 cm，叶片平均纵径 6.1 cm，横径 3.8 cm。叶片长狭椭圆形，叶基楔形，叶尖渐尖或长尾尖。叶姿反转，叶片边缘细锯齿，有刺芒。叶柄斜生，个别有托叶。叶柄细。有花 6～8 朵/花序，花药紫红色，萼片小而短、反卷，花冠白色，圆形，中等偏小，花瓣离生，雄蕊低于雌蕊。株型结构好，枝条自然开张，枝条与主枝基角 72°。幼树无须拉枝，枝条自然下垂。

果实中大，平均单果重 175 g，最大单果重 240 g。果实圆形，果实底色黄绿，阳面紫红色，着色部分占 3/5。果皮中厚，无光泽。果点小、多。果梗短、粗。梗洼浅、狭。萼片宿存，反卷，基部分离。萼洼中、广、皱状。果心小，对称、圆形。心室 5 个，小、卵形。果肉乳白色，肉质细腻，后熟后肉质变软，易溶于口，汁液多，味酸甜适口并具诱人芳香味，品质极上。含可溶性固形物 15%～17%，可滴定酸 0.372%，维生素 C 含量为 1.36 mg/100 g。果实不耐贮藏，常温下可放 20 d 左右。可鲜食，也可加工制成果汁。

植株生长势中庸。树冠矮小。4 年生树高 232.1 cm，冠径 132.1 cm×118.5 cm，干周 13.1 cm。萌芽力强，成枝力也强，剪口下多抽生 3～4 条长枝。枝条无须拉枝，可任其自然开张。一般定植后 3 年开始结果，以短果枝结果为主，坐果 4～5 个/花序，连续结果能力强，丰产稳产。

在辽宁兴城，4 月上旬花芽萌动，4 月上、中旬叶芽萌动，4 月下旬初花，4 月下旬至 5 月上旬盛花，5 月上中旬终花，8 月中下旬果实成熟，10

月下旬至11月上旬落叶，果实发育期100 d，营养生长期195～220 d。

该品种高抗黑星病。叶、果黑星病发病率、病情指数均为0。

图2-18　‘香红蜜梨’

（十七）‘奥红1号红梨’

‘奥红1号红梨’（图2-19）是‘早酥红梨’的全红芽变，故名全红梨。无纵向条纹，平均单果重230 g，最大单果重450 g。果实纵径7.95 cm，横径7.67 cm，果形指数1.04，近圆形，果肩突出，从幼果到成熟一直紫红色，果心很小，无石细胞，可溶性固形物含量为12.5%，含糖量为12.8%，肉质细嫩松脆，汁极多，酸甜可口，品质上乘。8月成熟，耐储藏，常温可储藏到春节后。易成花，坐果率高，更新复壮稍差，在适宜土壤上栽培4年即可丰产。该品种是红梨的更新换代品种，中国首例，世界第一，发展前景广阔。

（十八）4个未命名红梨新品系

2015年3月商水和畅农业发展有限公司从中国农业科学院郑州果树研究所引进4个未命名的红梨新品系共200棵栽植在公司示范基地东区。该4个品种暂叫作‘红梨1号’‘红梨2号’‘红梨3号’‘红贵妃梨’（图2-20至图2-22）。其亲本可能含有‘红香酥梨’和西洋梨中的‘红星’品种的基因。其中‘红梨1号’尚未结果。4个品种表现是生长势强，树势中庸，

图 2-19　‘奥红 1 号红梨’

坐果率高。历经 4 年树冠已自然形成纺锤形树形，枝条自然下垂，无须拉枝。果实成熟期早，在 7 月上中旬即可成熟。无须套袋，自然着色，颜色鲜艳、亮丽。果实甜酸，有苹果香味，品质上等。抗病、抗虫，几乎无病虫害。对环境条件适应能力强，同样环境条件下，比其他梨树品种生长快。在冷库中贮藏后，颜色更加鲜艳，香味更浓烈，品质比‘红香酥梨’‘库尔勒香梨’好很多。

图 2-20　‘红梨 2 号’

图 2-21　‘红梨 3 号’

图 2-22　‘红贵妃梨’

二、西洋梨红梨品种

（一）‘红安久’

‘红安久’（图2-23）是在美国华盛顿州发现的‘安久梨’的浓红型芽变新品种。树体中大，幼龄属树姿直立，盛果期半开张，树冠近纺锤形。主干深灰褐色，粗糙，2～3年生枝赤褐色，1年生枝紫红色。花瓣粉红色，幼嫩新梢叶片紫红色。当年生新梢较‘安久梨’生长量小，叶片红色，叶面光滑平展，先端渐尖，基部楔形，叶缘锯齿浅钝，营养生长期220 d。

图2-23 ‘红安久’

树体长势健壮，萌芽力和成枝力均高，成龄树长势中庸或偏弱。幼树栽后3～4年结果，高接大树第3年丰产。成龄大树以短果枝和短果枝群结果为主，中长果枝及腋花芽也容易结果。连续结果能力强，大小年结果现象不明显，高产稳产。

果实葫芦形，平均单果重230 g，最大单果重500 g。果皮全面紫红色，果面平滑，具蜡质光泽，果点中多，小而明显，外观漂亮。梗洼浅狭，萼片宿存或残存，萼洼浅而狭，有皱褶。果肉乳白色，质地细，石细胞少，经1周后熟变软，易溶于口。汁液多，风味酸甜可口，具有宜人浓郁芳香，可溶性固形物含量在14%以上，品质极上。果实室温条件下可贮存40 d，－1 ℃

冷藏条件下可贮存 6 ~ 7 个月，气调条件下可贮存 9 个月。山东泰安果实成熟期在 9 月下旬至 10 月上旬，果实发育期 150 d。

（二）'香红梨'

'香红梨'（图 2-24）是'红安久梨'的天然杂交种子经 $\gamma - Co^{60}$ 辐射诱变选育而成。树姿直立，生长势强。1 年生枝红褐色，新梢平均长度 34. 92 cm，平均粗度 0. 47 cm，节间平均长度 4. 47 cm，叶芽姿态斜生，叶片平均长度 5. 80 cm，平均宽度 3. 39 cm，叶柄平均长度 2. 88 cm。叶片椭圆形，叶基楔形，叶尖渐尖，叶缘全缘，无裂刻，无刺芒，叶背无茸毛，叶面伸展状态抱合，叶姿斜向上，有托叶。花型为中型花，花瓣 5 ~ 8 瓣，浅粉红色，花瓣相对位置重叠，花瓣形态卵圆形，柱头与花药等高，花粉多，自然授粉条件下单花平均坐果率为 24. 17%，花序坐果率为 100%。

图 2-24　'香红梨'

幼树生长势强，进入盛果期减慢，无大小年。以短果枝结果为主，顶芽极易形成花芽。6 年生树高 3. 31 cm，干径 7. 93 cm，新梢平均长度 34. 92 cm，平均粗度 0. 47 cm，长、中、短果枝比例为 1. 0 ∶ 1. 3 ∶ 5. 2，果台连续结果能力强，果台副梢抽生能力弱，采前落果现象不明显，早果丰产性强，成品大苗定植 2 年即可结果，4 年生树产量 1350 kg/亩，5 年生树产量1800 kg/亩；短枝容易成花，花芽量大。

果实平均单果重216.0 g，果实纵径7.50 cm，果实横径8.46 cm，果梗长度2.09 cm，果梗粗度0.62 cm。果实粗颈葫芦形，底色黄色，盖色鲜红色，着色80%，萼洼、梗洼和胴部均无锈，果面光滑，萼片宿存，呈聚合状态，果点小，中等密度。果皮较厚，果肉颜色白色，果肉经后熟后软而多汁，酸甜适度，香而浓郁，石细胞少，果心小，可溶性固形物含量为12.50%，可溶性糖含量为10.78%，可滴定酸含量为0.097%。果实着色80%。

在河北昌黎地区，4月初花芽萌动，4月上旬叶芽萌动，4月中旬花芽开绽，4月25—26日为初花期，4月27—28日为盛花期，4月29—30日为末花期，气温不同有1周左右前后浮动；5月上旬新梢开始旺盛生长，8月末果实成熟，果实发育期125～130 d，11月中下旬落叶。

该品种适宜在河北秦皇岛、唐山市、沧州市及相同或相似气候类型地区栽培应用，在甘肃景泰、新疆库尔勒、北京、山西太原等地也表现良好，可在我国北方大部分地区栽培，能作为主栽品种之一在河北省乃至我国梨栽培区得到广泛应用。

（三）‘粉酪’

‘粉酪’（图2-25）是意大利用Coscia × Beurre Clairgeau选育而成。幼树长势较强，成龄树中庸。早果性和连续结果能力强，栽后3年结果，较丰产，大小年现象不明显。5年生干周38 cm，树高3.0m，冠径2.70 m × 3.23 m，以短果枝结果为主。

图2-25 ‘粉酪’

果个大，平均单果重325 g，最大单果重500 g，葫芦形。果皮底色黄绿色，阳面60%着鲜红色，果点小而密，光洁。萼片宿存，果梗粗短。果肉白，石细胞少，经后熟底色变黄，果肉细嫩多汁，味甜，香味浓，品质极上。常温下可贮10 d，冷藏下可贮1～2个月。

在河北昌黎，3月下旬至4月初萌芽，4月中下旬开花，7月底果实成熟，11月上旬落叶。适应性广，抗病力强，抗黑星病和褐斑病，亦抗腐烂病，耐寒能力较弱，对火疫病敏感。

（四）‘红星梨’

‘红星梨’（图2-26）又名‘红茄梨’，美国品种，为‘茄梨’的红色芽变品种，果实全红型。幼树树姿直立，盛果期树半开张。1年生枝紫红色，直立、粗壮，多年生枝灰褐色，皮孔小而少，叶片小而厚，革质，卵圆形，无茸毛，绿色，叶缘全缘或锯齿钝尖。叶芽长卵圆形，瘦长，花冠中等大，花瓣白色。

图2-26　‘红星梨’

树势健旺，5年生树平均高度2.16 m，干周18.3 cm，冠径2.36 m，1年生枝年生长量78.6 cm，萌芽率高达70%，成枝力强，剪口下可成枝4～5个。以中、短果枝结果为主，容易成花，长果枝及腋花芽亦可结果，连续结果能力强，大小年现象不明显，丰产性好。

果实葫芦形，果个较均匀，全面紫红色，落花后即为白色，直到成熟。果面平滑，具蜡质，果点小而少。套袋后着色差。果梗长3.3 cm、粗0.55 cm，梗洼浅、窄，萼凹浅、中广，萼片宿存。平均单果重230 g，最大单果重350 g。果肉洁白，肉质细脆，经7～10 d后果肉变软，汁液丰富，香气浓郁，可溶性固形物含量为14.0%~18.3%，Vc含量为4.6 mg/100 g，品质上等。冷藏条件下可贮藏2~3个月。

在山西关中地区3月中旬萌芽，3月下旬初花，4月上旬盛花期，7月中旬果实成熟，果实发育期100 d左右。11月下旬至12月初开始落叶，年生长期250 d左右。

（五）‘红考密斯梨’

‘红考密斯梨’（图2-27）是美国优良红色西洋梨品种。树体强健，树姿直立。中短果枝结果为主，中果枝上腋花芽多，是西洋梨中早实性强的品种，定植后第三年开始结果，平均结果5个/树，高接树平均坐果6个/树。果实短葫芦形，平均单果重324 g，最大610 g；果柄肉质，柄粗7.5 mm，柄长28 mm。果面光滑，果点极小，表面暗红色；果皮厚，完全成熟时果面呈鲜红色；果肉淡黄色、极细腻，柔滑适口，香气浓郁，品质佳，含可溶性固形物16.8%，后熟呼吸跃变极快，在25 ℃条件下，6 d完成后熟过程，表现出最佳食用品质。果面贮藏时不褪色，0~5 ℃条件下可贮1~2个月。山东西部地区果实9月中下旬成熟。适应性广，抗寒性强；喜肥沃壤土，较砂梨抗盐碱；高抗梨木虱、梨黑星病、梨火疫病、梨黄粉虫等；较易受金龟子、蜡象和象鼻虫为害。

图2-27 ‘红考密斯梨’

（六）‘早红考密斯梨’

‘早红考密斯梨’（图2-28）为原产于英国的早熟优质品种。树势旺

盛，以长枝为主，未结果树直立枝较多，结果后树势开张。枝条软，易下垂。枝条浓青色，树势衰弱后青褐色，当年枝条及新梢红褐色，新梢略有毛。皮孔大而少，不规则圆形。叶片细长，旺梢叶片近椭圆形，叶缘锯齿状，尖叶多，一般长 6 ~ 8 cm，宽 3 ~ 5 cm，芽较小。

果实中大，近圆形或粗颈葫芦形，平均单果重 255 g，最大单果重 410 g。果面自谢花后即为浓红色，近成熟期为鲜红色，有光泽，果点小，全红果 98.7%。果肉白色，汁多，味甜，微酸，香气浓，果心小。可溶性固形物含量为 14.3%，后熟期 7 ~ 10 d，在常温下，果实可存放 3 周。

树势较旺，萌芽率高，成枝力中等，结果后成枝力偏低。嫁接当年生枝生长一般为 1.5 ~ 2.0 m，上部及外围旺枝条可达 3.5 m，控制不当，不易成花。以短果枝结果为主，腋花芽较少，坐果 2 个/花序，最多 5 个，嫁接后次年见果，第 3 年产量 39 kg/株。

在安徽省砀山地区，3 月下旬萌芽，4 月中旬开花，花期 1 周，7 月上旬果实成熟，11 月上、中旬落叶。花较‘砀山酥’梨耐低温。在与砀山酥梨同等管理条件下无梨木虱、黑星病、蚜虫发生，抗叶枯病。在多雨年份和通风透光不良时，有霉心病发生。

图 2-28　‘早红考密斯梨’

（七）‘罗莎梨’

‘罗莎梨’（图 2-29）是意大利中熟品种。平均单果重 200 g，粗颈葫芦形。果皮浓红色，略有果锈，果肉白色，汁液多，香甜味浓，品质上等，

图 2-29　‘罗莎梨’

果实 8 月上中旬成熟。

（八）‘鲜美红梨’

‘鲜美红梨’（图 2-30）是从澳大利亚莫克果园的‘巴梨’树上发现的枝变品种。树势强健，树姿开张。萌芽力、成枝力均高，以短果枝结果为主，自花不实，需配置授粉品种，如‘博斯克’等。易成花，早果性强，栽后 3 ~ 4 年结果，丰产稳产。

图 2-30　‘鲜美红梨’

果实小，单果重 150 ~ 200 g，平均单果重 200 g，矮瓢形，歪向一侧。果实底色金黄，向阳面鲜红、美观。果柄较短。在山东省泰安市，8 月初成

熟，采后经后熟，10 d 可食，肉细、多汁，甜而浓香，可溶性固形物含量为13.5%，口味品质极佳。在0～5 ℃条件下，贮藏2个月仍可保持原有风味。适应性强，耐旱，耐中度盐碱，栽培时注意防治火疫病。其大小适中，符合我国“不分梨”吃的习惯，是一个很有发展前途的早熟品种。

（九）‘凯思凯德梨’

‘凯思凯德梨’（图2-31）是美国南俄勒冈州资源育种实验站用‘红把梨’×‘考密斯’育成。树势强健，树姿半开张。萌芽力、成枝力均高，以短果枝结果为主，自花不实，需配置授粉树。易成花，结果早，坐果率高，栽后3～4年结果，丰产、稳产。

果大型，单果重500～550 g，果实阔瓢形，果柄短粗。果实底色黄，全面着深红色，外观美丽、平滑。果肉细，白色，汁多，味甜，含酸量低，香气浓。在山东省泰安市9月中下旬成熟，采后15 d完成后熟。较耐贮藏，在0～5 ℃条件下贮藏2个月仍可保持原有风味，在气调库中则可保存6～8个月。

该品种适应性强，病虫害少，抗寒，耐干旱，耐中度盐碱，不易发生雨季红色消退现象，发展前景看好。

图2-31　‘凯思凯德梨’

（十）‘红巴梨’

‘红巴梨’（图2-32）树势较强，树姿直立，幼树萌芽率高，成枝力中等。3年结果，4年丰产。以短果枝结果为主，部分腋花芽和顶花芽结果；连续结果能力弱，授粉树以‘艳红梨’为好。采前落果少，较丰产、稳产。

‘红巴梨’是澳大利亚发现的‘巴梨’红色芽变，果实葫芦形，平均单果重250 g。果面蜡质多，果点小、疏；幼果期果实全面紫红色，果实迅速膨大期阴面红色褪去变绿，成熟至后熟后的果实阳面为鲜红色，底色变黄。果肉白色，后熟后果肉柔软、细嫩多汁，石细胞极少，果心小。可溶性固形物含量为13.8%，味香甜，香气浓，品质极上。果实成熟期在8月下旬，常温下贮存15 d，0～3 ℃下可贮存2～3个月品质不变。

此外，红色西洋梨还有‘红茄梨’（图2–33）和‘罗赛红’（图2–34）等。其中，‘红茄梨’是美国品种。果实粗颈葫芦形，平均单果重210 g，紫红色，肉质细腻，后熟后柔软多汁，味香甜，品质中上等，8月上旬成熟。‘罗赛红’是意大利品种。平均单果重200 g，细颈葫芦形。果皮红色，果肉细腻，味香甜浓郁，品质上等，果实8月上中旬成熟。

图2–32　‘红巴梨’

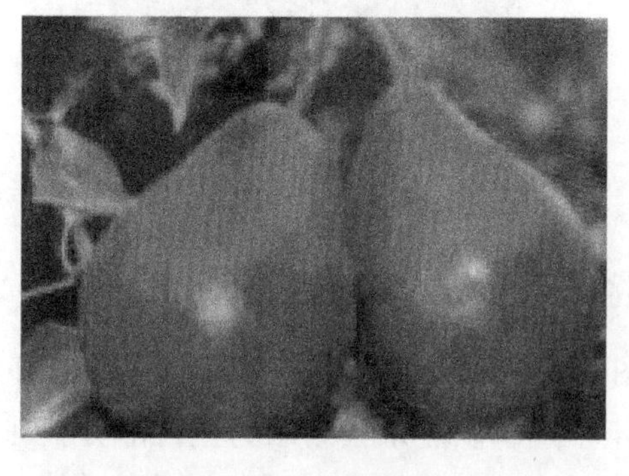

图2–33　‘红茄梨’

图 2-34　‘罗赛红’

思考题

当前生产上栽培的普通红梨品种和西洋梨红梨品种主要有哪些?

第三章　红梨生物学特性

一、生长习性

（一）树体生长

梨是高大落叶乔木果树，寿命很长，可达200年以上。在自然状态下，树高可达8～14 m；在栽培条件下，人为控制高度达4～6 m，树冠横径2.5～6.0 m。

（二）根系生长

梨为深根性果树。根系分布的深广度和稀密状况，受砧木、种类、品种、土质、土层深浅和结构、地下水位、地势和栽培管理等的影响很大。一般情况下，梨树根系垂直分布可深入地下2～4 m，在肥水较好的土壤中，以20～60 cm深的土层中根的分布最多，80 cm以下则很少。水平分布约为冠幅的2倍左右，少数可达4～5倍，越靠近主干根系越密集，越远则越稀。梨树根系生长一般每年有2次高峰。春季萌芽以后根系即开始活动，以后随温度上升逐渐加快。到新梢转入缓慢生长以后，根系生长明显增强，新梢停止生长后，根系生长最快，形成第1次生长高峰。以后转慢，到采果前根系生长又转强，出现第2次生长高峰。此时根系吸收和叶片合成的养分主要作为贮藏营养积累在枝叶中，为下一年的生长提供物质基础。以后随温度的下降而进入缓慢生长期，落叶以后到寒冬时，生长微弱或被迫停止生长。

（三）枝叶生长

梨树萌芽早、生长节奏快，枝叶生长以前期为主。梨树新梢多数只有1次加长生长，无明显秋梢或者秋梢很短且成熟不好。新梢停止生长比苹果早，长梢绝大多数在7月中旬基本封顶，生长节奏快、叶幕形成早、结束生

长也早。幼树枝条生长旺盛，新梢长达 80 ~ 150 cm。主枝较直立，树冠呈圆锥形。进入盛果期后，枝条生长势减弱，新梢生长量约 20 cm，主枝逐渐开张，树冠呈自然半圆形。梨树多数萌芽力强，成枝力弱，树冠内枝条密度明显小于苹果，不同品种品系间差异较大。红梨基本上属于白梨系统，其成枝力比沙梨强。

梨树芽的异质性不明显，除下部有少数瘪芽外，全是饱满芽。但是，梨树顶端优势强，树体常出现上强下弱现象；隐芽多而寿命长，有利于更新复壮。梨的干性、层性和直立性都比较强，尤其是幼树期间，枝梢分枝角度小，极易抱合生长，有高无冠。但是，枝条比较嫩脆，负荷力弱，结果负重后易自然开张，易劈折，基部数节除西洋梨除外无腋芽。

梨叶具有生长快、叶面积形成早的特点。5 月下旬前形成的叶面积占全树叶面积的 85% 以上。当叶片停止生长时，全树大部分叶片在几天内呈现出油亮的光泽，生产上称为“亮叶期”。亮叶期标志当年叶幕基本形成、芽鳞片分化完成和花芽生理分化开始。所有促花和提高光合产量的措施都应在此期进行。梨的净光合率低于苹果。在叶生长过程中，净光合率低，停长后增高，生长末期又降低。短梢净光合速率前期高，而长梢后期高。形成早，结束生长也早。

（四）红梨典型品种生长情况

河北省魏县红梨用杜梨做砧木嫁接，树体为小乔木。定植后幼树枝条直立，进入结果期后，枝条自然开张，生长势较旺，8 年生树高 4. 2 m、地径 20 cm、冠幅 4 m×5 m，萌芽率高，成枝力中等，改接红梨树，第 4 年树体就可形成。叶片近椭圆形，草绿色，叶源锐锯齿形，尾尖。新西兰红梨‘美人酥’‘满天红’和‘红酥脆’在华北的黄河故道地区，生长正常。除‘满天红’生长强旺外，‘美人酥’和‘红酥脆’生长势中庸。3 个品种成枝力均中等，褐斑病发生严重。在华北的冀中平原，‘满天红’生长旺盛，树冠高大：6 年生树高 4. 3 m，冠径 3. 5 m，干周 36 cm。‘美人酥’和‘红酥脆’比‘满天红’生长较旺盛，树冠紧凑，包心现象明显，褐斑病发生亦较严重。

二、结果习性

（一）花芽分化

梨树花芽是混合花芽，主要由顶芽发育而成，有时也能由腋芽发育形成腋花芽。花芽分化期从6月上旬开始至9月中旬结束。一般短梢比中梢分化早，中梢又比长梢分化早；同时具有顶花芽和腋花芽的中、长梢，中梢的顶芽分化比腋芽分化略早或同时分化，长梢的腋花芽常较顶花芽分化得早。夏季干旱，花芽分化开始早，中国梨比西洋梨花芽分化早。

（二）结果枝

梨结果枝分为长果枝、中果枝、短果枝和腋花芽枝4种不同类型。成年梨树以短果枝结果为主，仅生长旺盛的西洋梨有一部分中、长果枝。花芽是混合芽，顶生或侧生。结果新梢极短，顶生伞房花序。开花结果后，结果新梢膨大形成果台，其上产生果台副梢1～3个，外界环境条件良好时，可连续形成花芽结果。但经常需在结果的第2年才能再次形成花芽，隔年结果。果台副梢经多次分枝成短果枝群，1个短果枝群可维持结实能力2～6年，长的可达10年，因品种和树体营养条件而异。

（三）开花习性

梨多数品种先开花后展叶，少数品种花叶同展或先叶后花。梨花序为伞房花序，有5～12朵/花序。外围花先于中心花开放。先开花坐果率高，果实发育快，质量好。有些品种在夏秋季早期落叶情况下，还有2次开花现象。梨是异花授粉性很强的果树，同品种自花授粉时多不能结实或结实率很低。异品种授粉时则结实率较高。坐果过多时，果实变小，容易造成大小年结果现象。

（四）红梨典型品种结果情况

河北魏县改接红梨树，第2年开花结果，第4年达到盛果期。苗木栽植后3年即可结果，结果初期以长果枝上形成的腋花芽结果为主，盛果期转为中短果枝结果。花浅粉色，花瓣5片，花药红褐色，花粉量中多，伞房花

序，自花结实，坐果率高，有连续结果能力，盛果期产量 2000 ~ 2500 kg/亩。新西兰红梨在黄河故道、冀中平原结果情况基本正常。通常栽后 3 年即可结果。

（五）果实发育期

梨果由花托（果肉）、果心和种子 3 个部分组成。受精后的花、胚乳先开始发育，细胞大量增殖；与此同时，花托及果心部分的细胞进行迅速分裂，幼果体积明显增长。5 月下旬至 6 月上旬，胚乳细胞增殖减缓或停止，胚发育加快并吸收胚乳而逐渐占据种皮内胚乳全部空间，时间可持续到 7 月中、下旬，在此期间，幼果体积增大变慢。此后，果实又开始迅速膨大，但果肉细胞数量一般不再增加，主要是细胞体积膨大，直至果实成熟。此期是果实体积、重量增加最快的时期。

（六）对环境条件要求

1. 温度

温度是决定梨树品种分布和制约其生长发育的首要因子。由于原产地不同和长期系统发育的适应结果，红梨不同品种系统间对温度要求有较大差异。一般白梨系统和西洋梨系统年平均温度 7.0 ~ 15.0 ℃，生长季（4—10 月）平均温度是 18.1 ~ 22.2 ℃，休眠期（11 至翌年 3 月）平均温度是 -2.0 ~ 3.5 ℃，绝对最低温度是 -24.2 ~ -16.4 ℃。梨不同器官、不同生育阶段对温度要求不一样。根系在 0.5 ℃以上即开始活动，6 ~ 7 ℃发生新根。开花要求气温稳定在 10 ℃以上，达到 14 ℃时开花加快；开花期间若遇到寒流，温度降到 0 ℃以下，会产生冻害。果实发育期和花芽分化需要 20 ℃以上温度。

2. 光

梨是喜光阳性树种，年日照时数要求达到 1600 ~ 1700 h 以上。我国大多数梨产区，总日照时数均能满足要求。个别年份生长季日照不足地区，要选择适宜栽植地势、坡向、密度和行向，适当改变整枝方式，以便充分利用光能。

3. 水分

梨树需水量最大，合成 1 g 干物质所消耗的水量是 284 ~ 401 g（称为蒸腾系数）。不同种类的梨需水量不同，红梨需水量介于沙梨和秋子梨之间。

梨树耐旱、耐涝性均强于苹果。在年周期内，以新梢旺长和幼果膨大期，果实迅速生长期对水分需要量最大，对缺水反映比较敏感，应保证供应。

4. 土壤

梨树土壤适应性广泛，壤土、黏土、沙土，有一定程度的盐碱土都可生长。土壤最适 pH 为5.6～7.2，pH 为5.4～8.5 都可生长，土壤含盐量小于0.2% 可正常生长，超过0.3% 容易受害。

三、果实性状

河北魏县红梨果实高桩、圆形，果皮红褐色、果点稀小，果柄长2.8 cm，果面光洁，果肉白色、细腻，果形端正，味酸甜，平均单果重180 g左右，最大单果重300 g，含可溶性固形物为10.5%，最高达14%。果实中含有较多配糖体和鞣酸成分及多种维生素。‘满天红梨’在冀中平原果实阳面半着色外，‘美人酥梨’和‘红酥脆梨’着色均较差，仅果实阳面具片状红晕；底色较暗，果面粗糙，欠美观。特别是黄河故道地区，3 个品种果实着色更差，阳面仅有一点红晕，底色较暗，果点较多且明显。在豫西海拔1000 m左右的山区，新西兰红梨生长和结果与平原地区无较大差别，在果实外观和内在品质方面与平原地区差别显著：海拔较高地区，果实着色面积较大，色泽较浓，果实套袋后阳面色泽粉红且柔和，果点小，特别是‘满天红’果面由粗糙变光滑圆润。在内在品质方面，新西兰红梨内在品质山区均比平原好，除肉质松脆多汁外，风味也好。但‘满天红梨’和‘美人酥梨’仍具酸涩味，但酸涩味相对较淡。成熟期比东部黄河故道推迟1周左右。果实贮藏期相对长些。一般可贮藏20～30 d。

一般红梨直立性较强，干性较强或强，萌芽力强，成枝力较低或低，隐芽寿命长，花芽形成容易，结果年龄早，开花也较早，多数品种都有腋花芽。

四、物候期

在河北魏县，红梨花芽萌动期在3 月上旬，盛花期在3 月下旬至4 月初，花序分离成小气球状，叶芽萌动在3 月中下旬，展叶在4 月上旬末，新梢生长旺盛在4 月中旬至5 月中旬，幼树新梢可长到1 m以上；多数新梢停

长在6月中旬，7—8月进入新梢第2次生长高峰，幼果膨大期在5月中旬至6月中旬，花芽分化基本完成在7月中下旬至8月底，果实生长明显加快，体积、质量迅速增加，含糖量上升。果实10月上中旬成熟，果实生育期180 d。11月上旬开始落叶，11月底落叶基本完成，进入休眠期。

五、适生性和抗逆性

在河北省魏县，红梨对不同土壤适应性较强。以沙壤土和壤土地较好。抗寒、抗旱、耐瘠薄，－19 ℃未发现冻害。抗旱能力和耐瘠薄能力优于普通梨品种。在雨季易发生轮纹病，应注意防治。果实耐贮运，常温下可贮藏6个月，风味不变。

思考题

试总结红梨与普通梨相比，有哪些优点？

第四章　红梨育苗技术

一、选择优良砧木品种

杜梨是应用最广泛的砧木，它与红梨品种亲合力强、生长旺、结果早、抗旱耐涝、耐盐碱、耐酸性强、出籽率高，特别适应北方平原地区果树栽培做砧木用。而在山区则要选用耐寒，耐瘠薄的秋子梨做砧木。

（一）采种及贮藏

1. 采种

①选择优良母本树。种子采集应选择品种纯正或类型一直、生长健壮、无病虫害和抗逆性强的单株作为采种母本树。

②把握采种时期。在杜梨或秋子梨的果实充分成熟，种子完全变成褐色时采收。

③取种。取种采用堆积软化取种法，将采下的果实堆积起来使果肉软化，揉碎果肉，用水淘洗出种子，堆积软化过程中，经常翻动，防止发热损伤种胚降低种子发芽率。种子取出后，洗净，漂去空瘪种子和杂物。种子取出后应放在通风良好的地方摊放阴干，切忌阳光曝晒。最好当年采种当年播种。

2. 贮藏

贮藏期间种子含水量控制在 13% ~ 16%，空气相对湿度保持在 50% ~ 70%，温度 0 ~ 8 ℃。大量贮藏种子时，还需注意种堆内的通气状况，通气不良会加剧种子的无氧呼吸，积累大量的 CO_2，使种子中毒受害。特别在温度、湿度较高情况下更要注意通气。

（二）种子精选与消毒

在播种或层积前对种子进行精选和消毒处理。将烂籽、秕籽、破损籽和

有病虫籽挑出来，使种子纯度达到95%以上，以提高出苗率、苗木整齐度，便于苗木管理。然后用3%的高锰酸钾溶液将好种子浸种30 min后用清水洗净备用；或用种子重量0.2% 的五氯硝基苯3份与西力生1份混合拌种。

（三）种子的休眠

杜梨种子在脱离母体后需要一个后熟过程，需要在低温、通气、湿润的条件下完成后熟。在这种条件下，种子内部发生一系列的生理生化变化，吸水能力增强、酶的活性增强，不溶性复杂的营养物质变为可溶性简单的有机物，最后胚开始萌发。种子后熟一般以2～7 ℃的温度最为适宜，有效最低温度 -5 ℃，有效最高温度17 ℃，超过17 ℃种子不能通过后熟过程。

（四）层积处理

砧木种子不经过休眠后熟就不会发芽。秋播种子在湿润田间自然通过休眠即可发芽。春播种子必须进行层积处理。层积处理也称沙藏处理，是将种子与潮湿的介质（通常为湿沙）一起贮放在低温条件下，以保证其顺利通过后熟的过程如图4-1所示。

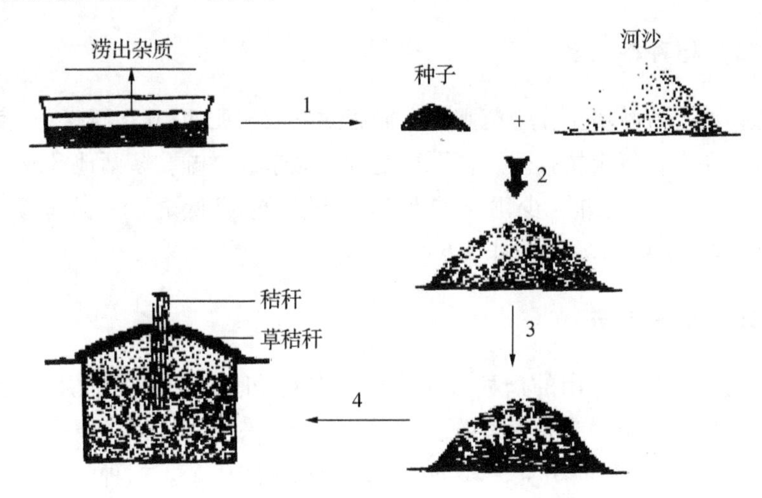

1—水浸；2—种沙混合；3—拌匀；4—入坑

图4-1　种子层积处理

层积一般在秋末冬初进行。层积前先用水浸泡种子5～24h，待种子充分吸水后，取出晾干，再与洁净的河沙混匀。沙的用量，中小粒种子一般为种子的3～5倍，大粒种子为5～10倍。沙的湿度以手捏成团不滴水为宜，约为河沙最大持水量的50%。层积地点选择背阴高燥不积水处，沟深60～70 cm，宽40～50 cm，长度视种子量而定。沟底先铺上湿沙厚5 cm，将已拌好的种子放入沟内，到距离地面10 cm处，再用河沙覆盖，高出地面呈屋脊状，上面再用草或草苫盖好。为改善通气条件，可相距一定距离垂直放入一小捆秸秆或下部带通气孔的竹制或木制通气管。种子量小时用瓦盆沙藏。用1份种子、4份湿润河沙充分混匀放入沟中，然后上面盖1层湿沙。层积温度保持0～5 ℃。层积期间注意检查温、湿度变化，特别是春节以后注意防霉烂、湿度低或过早发芽，春季大部分种子露白时及时播种。

二、播种及播后管理

（一）播种时期

秋播、春播均可。秋播在11月上旬，可不经过层积处理，出苗早而齐，生长又健壮。旱地育苗最好秋播。春播应在早春解冻后的3—4月进行。

（二）播种地准备

选择壤土或沙壤土作为苗圃地。撒施腐熟有机肥4000～5000 kg/亩，翻耕30 cm左右，将土块打碎、耧平、耙细，做垄或做畦。多雨地区或地下水位较高时，宜用高畦。少雨干旱地区宜做平畦或低畦。一般垄宽60～70 cm，畦宽1.0～1.2 m，畦长5～10 m。

（三）播种方法

目前，生产上采用的播种方法主要有条播和点播。条播适用于小粒种子。可采用畦内条播或大垄条播。畦宽1.2 m，采用双行带状条播。一般带内距25～30 cm，带间距40～50 cm，边行距畦埂10 cm。播种时在整好的畦内开沟，灌透水，待水渗下后向沟内撒种，覆细土，覆土厚度一般为种子直径的2～4倍，覆土后覆地膜以利于保湿。点播多用于大粒种子。先将苗地整好，按行距40～50 cm、株距10～15 cm开穴，穴深4～6 cm，播种2～4粒/穴，待出苗后根据需要确定留苗株数。该法苗木分布均匀，营养面积大，生长快，成苗质量好，但产苗量少。

（四）播量及方法

杜梨种子较大，红梨品种籽较小。点播大粒种子，用种量1 kg/亩，小粒种用种量0.5～0.75 kg/亩，每穴5～6粒，穴距20 cm，行距30～40 cm。条播1行/40 cm，用种量相对较多，大粒种子用量1.5～2.0 kg/亩，小粒种子用量1.0～1.5 kg/亩。播后薄覆土；旱地要浇足水，覆土可稍厚，易板结的地块覆土要薄，以利出苗整齐健壮。

（五）播种后管理

1. 出苗期管理

播种后立即覆盖地膜。当大部分幼苗出土后，及时划膜或揭膜放苗。出苗前若土壤干旱，应适时喷水或渗灌，切勿大水漫灌。

2. 间苗和定苗

幼苗陆续出齐后，分次间苗。首先除去病虫苗及弱苗，选优质壮苗。条播按株距20 cm定苗，穴播留1株/穴定苗，多余的好苗带土集中定植备用。

3. 松土除草

每次灌溉或降雨后，当土壤表土稍干后即进行中耕，以减少土壤水分蒸发，避免土壤发生板结或龟裂。随着苗木生长，根据苗木生长情况确定中耕深度。在幼苗生长过程中及时进行除草，以减少杂草对苗木生长的影响。

4. 补苗

苗木长到2片真叶前，选阴天或晴天傍晚结合间苗进行补缺。补栽时间越早越好。起苗时先浇水。补栽后及时浇水。

5. 苗期肥水管理

齐苗后注意中耕除草和保墒。间苗前一般不浇水施肥。间苗后施尿素5 kg/亩，结合浇水。6月下旬至7月上旬施尿素10 kg/亩并浇水。生长后期追施适量过磷酸钙和钾肥。

6. 苗期摘心和培土

7月上旬苗高20～30 cm时摘心，并在砧木基部培土高5 cm。7月下旬至9月上旬砧木基部5 cm高处茎粗达到0.4 cm时进行芽接。

7. 苗期病虫害防治

砧木苗期喷800～1000倍的福美砷液防治苗期病害。用400～600倍液的乐果结合浇水冲入土壤，连浇2次以防治各种地下害虫。

三、嫁接及嫁接苗管理

（一）接穗采集

选品种纯正、无病虫、生长健壮、优质丰产的植株做母本采集接穗。春季嫁接多采用1年生枝条；夏季嫁接可用贮藏1年生或多年生枝条，也可用当年生新梢。

（二）接穗保存

夏、秋芽接用的接穗随采随用，采下后立即剪去叶片只留叶柄，并用湿布包好带到田间放于阴凉处备用。春季用接穗，应在冬剪时选择优良健壮无病虫的枝条插入冷凉地窖10 cm厚的湿沙中保存备用。

（三）嫁接方法

1. “T”字形芽接法

“T”字形芽接法（图4–2）又叫“丁”字形芽接，因接芽片呈盾形，又称盾形芽接。

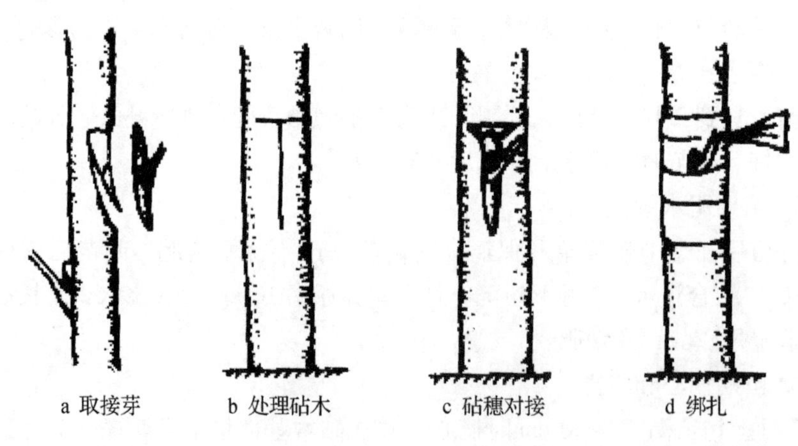

图4–2　“T”字形芽接

①削芽片。首先在接穗中选取饱满芽，先在芽上0.5 cm处横切1刀，深达木质部，横切口长0.8 cm左右，再在芽下方1.2 cm处向上斜削1刀至

芽上方横切刀口处，用大拇指从一侧向另一侧推下盾形芽片备用。

②切砧木。在砧木离地面 5 ~ 6 cm 处，选一光滑无分枝处横切一刀，深达木质部，再在横切口中间向下竖切一刀，长 1.0 ~ 1.5 cm，切口呈“T”字形。

③插芽片。用刀尖将砧木皮层挑开，将芽片轻轻插入“T”字形切口内，使砧木和芽片的横切口对齐嵌实。

④捆绑。用塑料条捆扎，先在芽上方扎紧一道，再在芽下方捆紧一道，然后连缠三四下，系活扣。注意露出叶柄，露芽不露芽均可。该法一般在砧木和接穗都离皮时采用，不带木质部且操作简单，成活率高达 90% 以上。

2. 贴芽接

贴芽接（图 4-3）法多用于砧木不离皮时采用，春秋季均可进行。

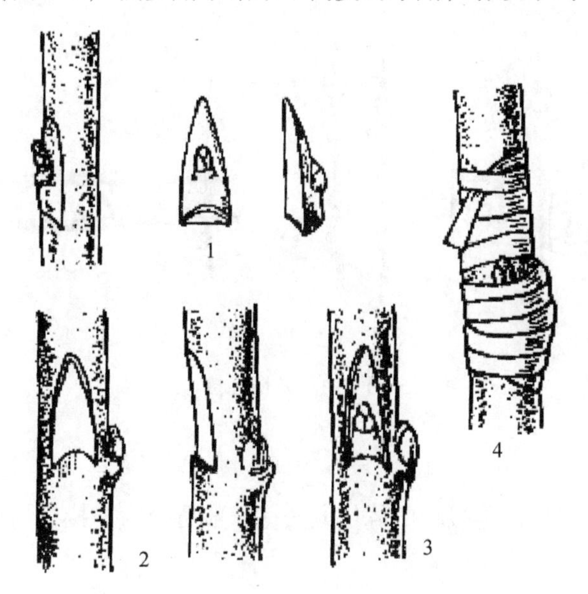

1—削接芽；2—削砧木；3—嵌入接芽；4—绑扎

图 4-3　贴芽接

①削芽片。先在接穗芽上方 0.8 ~ 1.0 cm 处向下斜切一刀，长约 1.5 cm，再在芽下方 0.5 ~ 0.8 cm 处斜切成 30° 角到第一刀底部，取下带木质芽片，芽片长 1.5 ~ 2.0 cm。

②切砧木。在砧木距地面 5 cm 处，选光滑部位按照芽片大小，相应削取和接芽大小一致的带木质部的树皮。

③贴芽片。将芽片嵌入砧木切口中，注意芽片上端必须露出一段砧木皮层。如果砧木粗，削面宽时，可将一边形成层对齐。

④捆绑。用塑料薄膜条由下往上压茬缠绑到接口上方，绑紧包严即可。

3. 方块芽接（图 4-4）

①削芽片。在接穗上芽的上下各 0.6～1.0 cm 处横切 2 个平行刀口，再在距芽左右各 0.3～0.5 cm 处竖切两刀，切口长 1.8～2.5 cm，宽 1.0～1.2 cm 方形芽片，暂先不取下。②切砧木。按照接芽上下口距离，横割砧木皮层达木质部，偏向一方（左方或右方），竖割一刀，掀开皮层。③接芽和绑缚。将接芽芽片取下，放入砧木切口中，先对齐竖切一边，然后竖切另一边的砧木皮层，使左右上下切口都紧密对齐，立即用塑料薄膜条缠紧包严。

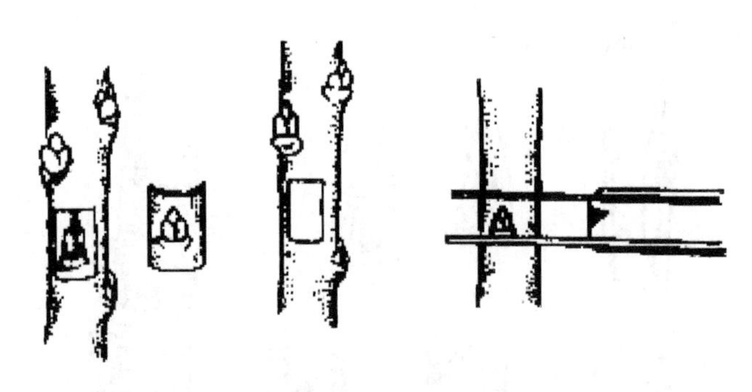

图 4-4　方块芽接

4. 枝接法

枝接就是用枝条作接穗的嫁接方法，一般可分为劈接、切接和腹接等。

（1）劈接

劈接（图 4-5）对于较细砧木可采用，并适合于果树高接。具体操作程序是：①削接穗。剪截一段带有 2～4 个饱满芽的接穗。在接穗下端削一个 3 cm 左右斜面，再在这个削面背后削一个相等的斜面，使接穗下端呈长楔形，插入砧木，内侧稍薄、外侧稍厚些，削面光滑、平整。②劈砧木。先将砧木从嫁接处剪（锯）断，修平茬口。再在砧木断面中央劈一垂直切口，长 3 cm 以上。若砧木较粗，劈口可偏向一侧（位于断面 1/3 处）。劈砧时，不要用力过猛。③插接穗。将接穗厚的一侧朝外，薄的一侧朝内插入砧木垂直切口，要对准砧木与接穗的形成层，不要把接穗削面全部插入砧木切口

内，削面上端露出切口 0.3～0.5 cm（俗称露白），使砧、穗紧密接触。较粗砧木可在劈口两端各插 1 个接穗。④捆绑。将砧木断面和接口用塑料薄膜条缠绑严密。较粗砧木要用薄膜方块覆盖伤口，或罩套塑料袋。

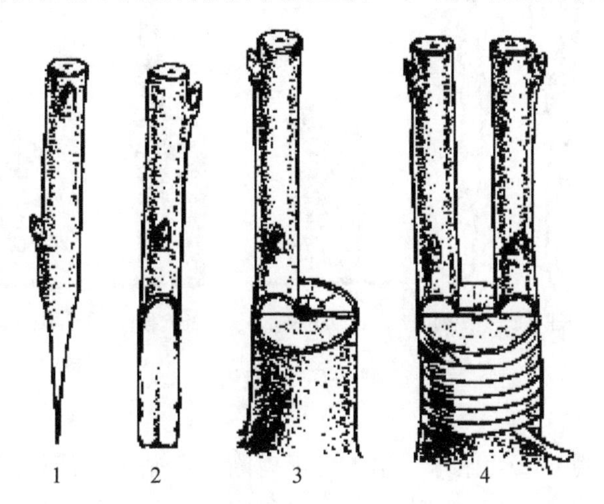

1—接穗削面侧视；2—接穗削面正视；3—插入接穗；4—绑扎

图 4-5　劈接

（2）切接法

切接法（图 4-6）适用于根茎粗 1～2 cm 的砧木坐地苗嫁接，是枝接中常用的方法。①削接穗。将接穗下部削成两个削面，一长一短，长面在侧芽的同侧，削掉 1/3 以上的木质部，长 3 cm 左右，在长面的对面削一马蹄形小斜面，长 1 cm 左右。②砧木处理。在离地面 3～5 cm 处剪断砧干。选砧皮厚、光滑、纹理顺的地方，把砧木切面削平，然后在木质部边缘向下直切，切口宽度与接穗直径相等，深 2～3 cm。③插接穗与绑缚。把接穗长削面向里，插入砧木切口，使接穗与砧木的形成层对准靠齐。若不能两边都对齐，对齐一边亦可。用塑料薄膜条缠紧，要将劈缝和接口全部包严，注意绑扎时不要碰动接穗。

（3）腹接

腹接（图 4-7），也称腰接，是一种不用切断砧木的枝接法。可用于改换良种，或在高接换头时增加换头数量，或在树冠内部的残缺部位填补空间，或在一株树上嫁接上授粉品种的枝条等。①削接穗。在接穗基部削一长约 3 cm 的削面，再在其对面削一长 1.5 cm 左右的短削面，长边厚，短边稍

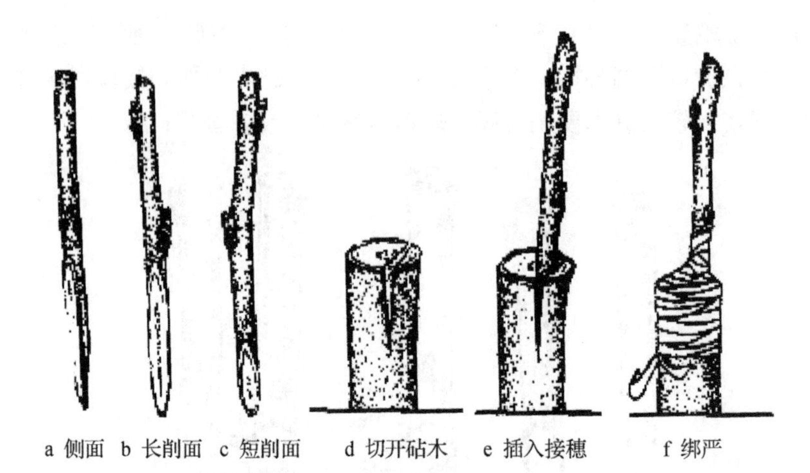

图 4-6　切接法

薄，削面要平滑。②切砧木。砧木可不剪断。选砧木平滑处向下斜切一刀，刀口与砧木约成45°角切成倒“V”字形切口，切口不超过砧心。皮下腹接时，应只将木质部以外的皮层切成倒“V”字形，并将皮层剥离。③插接穗。普通腹接应将接穗的削面全部插入稍撬开的砧木切缝，并使各自的形成层对齐密接，如切口宽度不一致，应保证一侧形成层对齐密接。皮下腹接，接穗的斜削面应全部插入砧木切口面和砧木的木质部外面。④绑缚。将接口连同砧木切口包严绑紧。

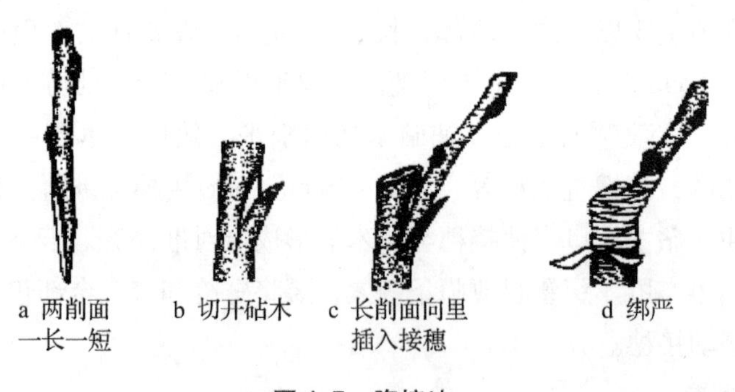

图 4-7　腹接法

（4）插皮舌接

插皮舌接（图4-8）为皮下接，是应用较广、成活率较高的一种嫁接方法。其形成层接触面积大，愈合容易，生长快。只适用于砧、穗离皮时进行，

嫁接时间短。①削接穗。先在接穗枝条下端斜削一刀，使削面呈 3～5 cm 长的马耳形斜面，在对面下端削粗 0.2～0.3 cm 的皮层，再在削面上留 2～3 个饱满芽，并于最上芽的上方约 0.5 cm 处剪断，使接穗长 10 cm 左右。②切砧木。幼树嫁接，可在离地面 30～80 cm 处剪断砧木；大树高接换优，可在主干、主枝或侧枝的适当部位锯断，锯口用镰刀削平，选砧木皮光滑的一面用刀轻轻削去老粗皮，露出嫩皮，削面长 5～7 cm，宽 2～3 cm。③插接穗。插接穗前，先用手捏开接穗马耳形削面下端的皮层，使皮层和木质部分离，再把接穗木质部插入砧木切面的木质部和韧皮部之间，并将接穗皮层紧贴砧木皮层上削好的嫩皮部分。④绑缚。用塑料薄膜条绑扎严紧即可。

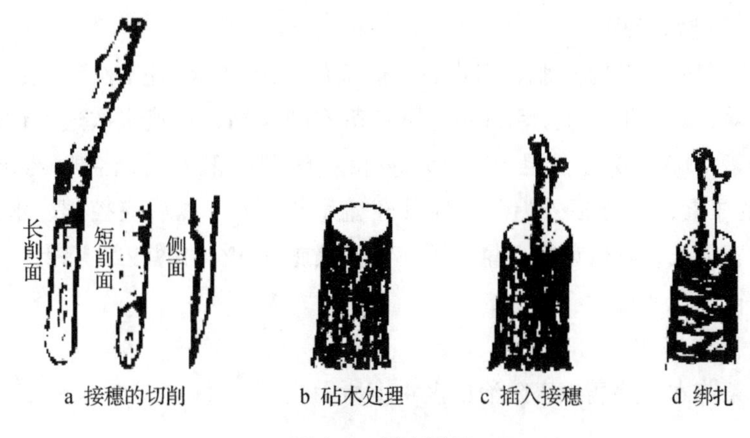

图 4-8　插皮舌接

不管哪种方法，切口一定要光滑，接穗和砧木二者的形成层一定要对齐，最后用塑料条扎紧，防止泥土和雨水落入接口而影响成活。

（四）嫁接苗管理

1. 检查成活

大多数果树在嫁接后 10～15 d 即可检查成活情况。接芽新鲜，叶柄一触即落的，即为生长季芽接成活。休眠期枝接、芽接后，枝芽新鲜，愈合良好，芽已萌动即为成活。

2. 解绑

生长季芽接检查成活的同时进行解绑，秋季芽接的也可第 2 年春季解绑；枝接在新梢萌发进入旺盛生长以后解绑。

3. 剪砧

芽接成活后，剪去接芽上方砧木部分或残桩叫剪砧。剪砧时，一般在芽上0.3～0.5 cm处剪去砧木上部。

4. 补接

嫁接未成活的，要及时补接。补接一般结合检查成活、剪砧、解缚（绑）同时进行。

5. 除萌和抹芽

剪砧后，砧木上长出萌蘖，应及时去掉，并要进行多次去除工作。枝接成活后，抽生新梢一般留1个，其他抹去。

6. 土肥水管理

春季剪砧后及时追肥、灌水，一般追施尿素10 kg左右/亩。结合施肥进行春灌，并锄地松土。5月中、下旬苗木旺长期，在追1次速效性肥料，追施尿素10 kg或复合肥10～15 kg/亩。施肥后灌水。结合喷药每次加0.3%的尿素，进行根外追肥，促其旺盛生长。7月以后应控肥、水供应，防止贪青徒长，降低苗木质量。可在叶面喷施0.5%的磷酸二氢钾3～4次，以促进苗木充实健壮。

7. 病虫害防治

红梨苗木主要病虫害防治如表4-1所示。

表4-1　苗木病虫害防治年历

<table>
<tr><th>时间</th><th>防治对象</th><th>防治措施</th></tr>
<tr><td rowspan="3">2—4月播种前至幼苗期</td><td rowspan="2">幼苗烂芽、幼苗立枯、猝倒、根腐</td><td>在栽培管理上应避开种植双子叶蔬菜的田块，轮作倒茬，多施有机肥；种子用0.5%的福尔马林喷洒，拌匀后用塑料纸覆盖2 h，摊开散去气体后播种；土壤处理每亩用50%的克菌丹0.5 kg加细土15 kg撒于地表，耙匀，或用50%的多菌灵或70%的甲基硫菌灵喷洒5 kg/亩，翻入土壤</td></tr>
<tr><td>在幼苗出土后拔除病苗；喷70%的甲基硫菌灵可湿性粉剂800～1000倍液，或75%的百菌清可湿性粉剂500倍液</td></tr>
<tr><td>缺素症（叶片黄化）</td><td>多施有机肥；每亩施入硫酸亚铁（$FeSO_4$）10～15 kg，翻入土壤</td></tr>
</table>

续表

时间	防治对象	防治措施
2—4 月播种前至幼苗期	地下害虫（蛴螬、地老虎、蝼蛄、金针虫等）	播种前，用 50% 的辛硫磷拌种，用药量为种子量的 0.1%；进行土壤处理，每亩用 50% 的辛硫磷乳油 300 mL，拌土 25 ~ 30 kg，撒于地表，然后耕翻入土
		幼苗出土后进行灌根，每亩用 50% 的辛硫磷乳油 250mL 加水 500 ~ 700 kg 灌根；地面诱杀用 90% 的晶体敌百虫 1 kg，麦麸或油渣 30 kg，加水适量拌成豆渣状毒饵，撒于土壤表面诱杀；或设置黑光灯或荧光灯诱杀成虫
	天幕毛虫	喷 5% 的灭幼脲悬乳剂 2000 倍液，5% 的氯氟氰菊酯乳油 4000 倍液，20% 的甲氰菊酯乳油 2000 ~ 3000 倍液，或 50% 的辛硫磷乳油 1000 倍液防治
	白粉病	发芽前喷 5°Be′（5 波美度）石硫合剂；发病初期喷 25% 的三唑酮可湿性粉剂 5000 倍液，或喷 12.5% 的烯唑醇可湿性粉剂 3000 ~ 5000 倍液进行防治
5—6 月	蚜虫类	喷 50% 的抗蚜威可湿性粉剂 3000 ~ 4000 倍液，10% 的吡虫啉可湿性粉剂 3000 ~ 5000 倍液，或喷 10% 的顺式氯氰菊酯乳油 3000 ~ 4000 倍液
	潜叶蛾	喷 25% 的灭幼脲悬乳剂 2000 倍液，30% 的哒螨·灭幼脲（蛾螨灵）可湿性粉剂 1500 ~ 2000 倍液或 20% 的甲氰菊酯乳油 2000 倍液等
	卷叶虫	喷 2.5% 的溴氰菊酯乳油 3000 倍液或 25% 的灭幼脲悬乳剂 1000 ~ 1500 倍液
	斑点落叶病	喷 10% 的多抗霉素可湿性粉剂 1000 ~ 1500 倍液，80% 的代森锰锌可湿性粉剂 600 ~ 800 倍液，或 50% 的异菌脲可湿性粉剂 2000 倍液
	梨黑星病	喷 1：2：240 波尔多液，或 40% 的氯硅唑乳油 800 ~ 1000 倍液，或 50% 异菌脲可湿性粉剂 1500 倍液

续表

时间	防治对象	防治措施
7—8 月	红蜘蛛	用 5% 的噻螨酮乳油 2000 倍液，20% 的速螨酮可湿性粉剂 3000 倍液和 5% 的唑螨酯悬乳剂 1000 ~ 1500 倍液等喷雾防治
	其他病虫害	潜叶蛾、蚜虫类、斑点落叶病、梨黑星病防治方法同上
9—10 月	白粉病、潜叶蛾、卷叶虫、食叶类害虫等	根据苗圃病虫发生情况，有目的地喷药防治
11—12 月	各种越冬病虫害	苗木检疫、消毒（参照苗木出圃部分）。苗圃耕翻、冬灌、清除落叶，消灭病虫

思考题

红梨芽接和枝接方法有哪些？简述其嫁接技术要点，其嫁接后如何进行管理？

第五章　红梨建园技术

一、园地选择与规划

（一）园地选择

1. 土壤选择

土壤选择肥沃，有机质含量在 0.5%~1.0%。土层深厚，活土层厚度 > 50 cm。地下水位 < 1 m，土壤 pH 6~8，含盐量 ≤ 0.2%。土壤环境质量应符合表 5-1 的要求。

表 5-1　土壤环境质量指标　　单位：mg/kg

项目	含量限值		
	pH < 6.5	pH 6.5~7.5	pH > 7.5
镉≤	0.30	0.30	0.60
汞≤	0.30	0.50	1.0
砷≤	40	30	25
铅≤	250	300	350
铬≤	150	200	250
铜≤	150	200	200

注：以上项目均按元素量计，适用于阳离子交换量 > 5 cmol（+）/kg 的土壤，若 ≤ 5 cmol（+）/kg，其标准值为表内数值的半数。

2. 地点选择

地点选择在交通便利，无污染源、无农药残留的地区。

（二）园地规划

园地规划包括果园土地和道路系统的规划，品种的选择与配置，果园的防护林、果园水利化及水土保持的规划与设计。园地规划与设计应遵循以果为主、适地适栽、节约用地、降低投资、先进合理、便于实施的设计原则。以企业经营为目的的果园，土地规划中应保证生产用地的优先地位，并使各项服务于生产的用地保持协调的比例。以企业经营为目的的果园，土地规划中应保证生产用地的优先地位，并使各项服务于生产的用地保持协调的比例。通常果树栽培面积达到80%~85%，防护林5%~10%，道路4%，绿肥基地3%，办公生产生活用房屋、苗圃、蓄水池、粪池等共4%左右。

二、红梨栽植

（一）栽植时期

一般在当年11月中旬至第2年3月上旬定植。秋季栽植夏季开沟；春季栽植前一年秋季开沟。我国中南部地区秋季栽植，苗木能够入冬前生根成活。山地、旱地应提前挖好定植沟，促进土壤风化。

（二）苗木选择

选择符合《梨苗木》（NY475—2002）标准的一级苗木。无明显病虫害和机械损伤；品种、砧木纯正；地上部健壮，苗木高1.2 m，粗度1.2 cm；茎段整形带内有8个以上饱满芽；根皮与茎皮无干缩皱皮及根损伤；嫁接口愈合良好，砧桩剪平，根蘖剪除干净，苗木直立，茎倾斜度在15°以下；根系发达，舒展，须根多，断根少：主根长25 cm，粗1.2 cm；侧根长15 cm，粗0.4 cm，侧根数量5条以上，苗木纯度为100%，无检疫性病虫害的二年生实生砧苗。

（三）栽植模式及技术

采用窄株距、宽行距，南北行向长方形栽培方式，纺锤形、细长圆柱形和棚架扇形栽培模式。栽植株行距为1 m×（3.0~3.5）m，或者2 m×（4~5）m。规模化栽培采用行列式配置授粉品种，要求授粉品种与主栽品种花期一致，可育花粉量大，授粉效果好，并有较高的经济价值。主栽品种与授粉品种比例为（4~8）：1。沟栽法，采用挖掘机2次开沟。第1次挖沟深30 cm，挖出的表土放一边；第2次继续挖沟深50 cm，挖出的心土放另一

边。沟底填入厚30 cm的玉米秸秆，撒一层厚0.5 cm的过磷酸钙，回填表土与腐熟有机肥的混合物30～50 kg/株，填至距地表30 cm时，灌水沉实。定植前苗木根部用3%～5%的石硫合剂，或1（$CuSO_4$）：1（CaO）：200（H_2O）波尔多液浸苗10～20 min，再用清水洗根部后蘸泥浆。将苗木放入栽植沟，舒展根系，填入与腐熟有机肥混合均匀的表土，边填土、边摇动苗木，并随土踏实，心土放在最上层，根颈部与地面相平。栽后灌1次透水，栽后以苗木为中心堆高30 cm土堆。萌芽前，灌水松土后，顺行向覆盖宽1 m的地膜，可起到增湿保墒、促进根系发育、提高成活率、加快苗木生长的作用。4月上旬揭膜。采用该法建园，挖沟质量高，封土也采用挖掘机，减少了人力成本，且前3年基本不用再施肥，可极大降低投资成本。

三、栽后管理

（一）定干

定干是指1年生果树苗木，栽植后剪去顶端不充实一段枝条，使主干有一定的高度。定干后剪口涂油漆、凡士林或套袋等。也可通过摘心、拉枝弯头等方法定干。定干应"秋栽秋定，春栽春定，栽后就定"。定干后，苗木上端根据各类苗木等级要求，保留一定数目饱满芽。幼树定干高度要根据品种干性、饱满芽位置、苗木质量、土壤等条件灵活掌握。一般定干高度是110～120 cm。定干后，苗木顶端有饱满芽的一段中心干，是选留主枝的部位，称整形带。在春、夏季节，多风地区要十分注意剪口下留芽的方位，可把剪口下第3、第4芽留在迎风面上。

（二）适时灌水

除定植当天要灌透水外，第3至第4天后还要浇1次水。待苗木萌芽且气温升高后，灌水少量多次，7～10 d 1次，直至雨季来临。覆膜果园可适当少浇，严防频繁灌水。进入9月控制灌水。入冬前饱灌越冬水。无灌溉条件地区，应覆盖保墒。

（三）覆膜套袋

覆膜套袋是旱地建园不可缺少的措施。有灌溉条件的地方也应推广应用。新栽幼树连续覆盖2年效果更好。覆盖地膜应根据栽植密度而定。采用成行连株覆盖。覆膜前将树盘浅锄1遍，打碎土块，整成四周高而中间稍低的浅盘形。覆膜时，将地膜中心打一直径3.5～4.0 cm的小孔后从树干套下，平展地铺在树盘上。紧靠树干培一拳头大的小土堆，地膜四周用细土压实。地膜表面保持干净，细心清理下雨冲积泥土，破损处及时用土压封。进入6月后，在地膜上再覆1层秸秆或杂草，也可覆土5 cm左右。寒冷、干旱、多风地区，在苗干上套1个细长塑料袋。细长塑料用塑料薄膜做成，直径3～5 cm，长70～90 cm。将其从苗木上部套下，基部用细绳绑扎。树干周围用土堆成小丘。幼树发芽时，将苗木基部土堆扒开，剪开塑料袋顶端，下部适当打孔，暂不取下。发芽3～5 d后，在下午将塑料袋取掉。

（四）补苗、抹芽

幼树发芽展叶后及时检查成活情况。发现死亡幼树应分析原因，采取有效措施补救。为保持园貌一致，缺株应立即用预备苗补栽。苗干部分抽干的，剪截到正常部位。夏季发生死苗、缺株时，于秋季及早补苗。最好选用同龄而树体接近的假植苗，全根带土移栽。同时注意抹除整形带以下萌芽。

（五）追施肥料

幼树萌芽后，新梢长到15～20 cm时，追施尿素50 g/株，距树干30 cm左右，挖深5～10 cm环状沟均匀施入。新梢长到30～40 cm时，再追尿素50 g/株。7月下旬，追施N、P、K三元复合肥50～80 g/株。同时，结合喷药防治病虫，在生长前期喷施0.3%～0.5%的尿素，7月下旬以后喷0.3%～0.5%的磷酸二氢钾（KH_2PO_4）。

（六）夏季修剪

萌芽后，及时抹除靠近地面萌蘖。新梢长达30 cm左右时，中心干上旺盛新梢不足4个，对顶端延长枝留25 cm左右摘心，当年选好所需主枝数，加速整形。摘心在7月以前进行。留做主枝枝条若生长直立、角度小，可用牙签等刺入主枝撑开角度。进入秋季后，拉枝纠正主枝角度和方向。除主枝外，其余枝条若有空间，超过1 m皆拉至90°以下做辅养枝。

（七）越冬防寒

1. 树干刷白

在霜冻来临前，用生石灰 10 kg、硫黄粉 1 kg、食盐 0.2 kg，加水 30 ~ 40 kg 搅拌均匀，调成糊状，涂刷主干。

2. 冻前灌水

冻前浇水或灌水，灌后即排。浇水结合施用人粪尿，效果更好。但应注意冻后不要再灌水。

3. 熏烟

在寒流来临前，果园备好谷壳、锯木屑、草皮等易燃烟物，每堆隔 10 m（易燃烟物渗少量废柴油），在寒流来临前当夜 10 点后，点燃易燃烟物。

4. 覆盖

冬季树盘周围用绿肥、秸秆、芦苇等材料覆盖 10 ~ 20 cm，或用地膜覆盖。

5. 冻后急救措施

①摇去积雪。树冠上积雪及时摇去或用长棍扫去，以防积雪压断枝条。②喷水洗霜。霜冻后应抓紧在化霜前，用粗喷头喷雾器，喷水冲洗凝结在叶上的霜。③清除枯叶。叶片受伤后，应及时打落或剪除冻枯的叶片。④及时灌溉。解冻后及时灌水，1 次性灌足灌透。

（八）病虫害防治

幼树萌芽初期主要防治金龟子和象鼻虫等为害。可在为害期内利用废旧尼龙纱网做袋，套在树干上。此外，应注意防治蚜虫、卷叶虫、红蜘蛛、浮尘子等害虫及早期落叶病、白粉病和锈病等侵染性病害。具体参照前面第四章红梨育苗技术“三、嫁接及嫁接苗管理”中“（四）嫁接苗管理”之“7. 病虫害防治”所述措施进行防治。

思考题

红梨规模化栽培应如何进行建园？

第六章　红梨土肥水管理技术

一、土壤管理

（一）土壤管理方法

1. 扩穴深翻

红梨幼树根系生长快，随着根系逐年扩大，原有定植沟不能满足根系生长发育需要。对建园时未进行深翻改土的梨园，定植穴以外土壤紧实，底土熟化程度低，不利于根系生长，应在栽后第2年开始，逐年向外扩沟，栽后5年翻完全园。成龄梨园深翻部位在行间。采用隔行深翻。扩穴深翻时期一般在秋季至土壤结冻前，最好是秋季采果后立即结合秋施基肥进行。深翻宽度为0.4 m，深度为0.6～1.0 m。深翻时尽量不伤及直径1 cm以上的粗根。

2. 翻刨树盘

翻刨树盘在春季土壤解冻后至萌芽前和秋季采果后至土壤结冻前2个时期进行。翻刨树盘可改善树盘内土壤理化性状，加深根系分布，促发新根；秋季翻刨树盘还可将在浅层土中越冬的病虫体暴露出来，利用冬季低温进行杀灭。翻刨深度一般为10～20 cm。近树干处浅，远树干处宜深。矮化密植园深度应浅。

3. 中耕除草

中耕除草多用于以清耕为主的梨园。可增加土壤通气性能，减少养分和水分的消耗。中耕多在降水和灌水后进行，深6～10 cm。除草每年进行2～3次，在杂草出苗期和结籽期除草效果好。

4. 盐碱地改良

我国北方干旱和半干旱地区，碱性土壤分布普遍。当土壤含盐量在0.20%～0.25%时梨树不能正常生长和结果。盐碱地改良最有效的方法是引淡水排碱洗盐，最好在建园前进行。具体方法是在果园内开排水沟，每隔

20～40 cm 开一条排水沟，沟深 1 m、上宽 1.5 m、下宽 0.5～1.0 m，排水沟与外界排水渠相连通，定期引水浇灌，降低地下水位，通过渗漏将盐碱排到耕作层之外。同时，配合中耕、地面覆盖，增施有机肥、种植绿肥和施用酸性肥料如硫酸铵［$(NH_4)_2SO_4$］及钙质化肥（如过磷酸钙）等，以减少地面过度蒸发，防止盐碱上升或中和碱性。

5. 沙土改良

沙土改良主要是改良我国黄河故道地区和西北地区的风沙土。具体改良方法有 5 种：一是防风固沙。采用设置防风林、果园生草，林草结合，植物固沙。二是引淤压沙。在靠近含有大量泥沙的河流附近果园，可引水浇灌，使泥沙沉积在沙土表层。三是客土压沙。就是将黏土或河泥压在果树定植沟内，或在果园深翻时，更换沙土。四是多施有机肥，种植绿肥作物，通过翻压绿肥，陪肥改良土壤。五是秸秆覆盖。将作物秸秆（如玉米秸、花生秧等)、各种绿肥和杂草经过机械粉碎后或直接覆盖在梨树行内，以 20 cm 左右厚度为宜。

6. 黏土改良

黏土通透性差，在增施有机肥基础上，可通过压入秸秆、杂草，春季喷洒“免深耕”土壤调理剂，掺沙等增加土壤的通透性，提高土壤肥水供应能力。

7. 水稻田改良

水稻田因土壤排水性差、空气含量少，土壤板结，耕作层浅，通常只有 30 cm 左右，改种果树后，常常造成生长发育不良。但水稻田土壤有机质和矿质营养含量较高。可采取深翻、深沟排水、客土和起垄种植等方法。

（二）土壤管理模式

合理的土壤管理模式，可维持良好的土壤养分和水分供给状态，促进土壤结构的团粒化和有机质含量的提高，防止水土和养分的流失及保持合适的土壤温度。

1. 清耕法

清耕法就是果园土壤进行精耕细作。在果园内除果树外不种植其他作物，利用犁耕或铲翻的方法，清除地表杂草，深度不少于 20 cm，保持土表疏松和裸露状态。

2. 生草法

生草法是国外果园广泛应用的管理方式。在梨树行间和株间种植禾本科或豆科等绿肥作物。通常在年降雨量 800 ~ 1000 mm 的地区或有灌溉条件的梨园应用最好。规模化栽培的密植梨园通常在行间种植多年生绿肥作物，株间树冠下实行清耕。为便于梨园管理，减少绿肥作物对光照的影响，刈割 2 ~ 3 次/年，保持高度在 10 ~ 20 cm。果园常用绿肥作物有：苕子、箭豌豆、草木樨、紫云英、蚕豆、三叶草、金花菜、肥田萝卜和白三叶等。

3. 覆盖法

覆盖法就是利用作物秸秆、杂草、薄膜等对树盘、株间或行间进行覆盖。用作物秸秆、杂草覆盖时，一般厚 20 cm 左右。利用作物秸秆、杂草等覆盖后，会逐渐腐烂减少，需重新覆盖。最好在覆盖 3 ~ 4 年后，将其埋入土中，再重新覆盖。此外，在早春覆盖地膜可提高地温，抑制杂草生长；在果实着色期覆盖银色反光膜，可增进果实着色。

4. 清耕覆盖法

清耕覆盖法就是在果树最需肥水的前期保持清耕，在雨水多的季节采用生草法，吸收过剩的水分，防止水土流失。在旱季到来之前割掉杂交或绿肥作物进行覆盖。该法综合了清耕、生草和覆盖的优点，弥补了各自的缺陷，是值得大力推广的一种果园土壤管理模式。

5. 间作法

幼龄梨园行间空地较多，合理间作其他作物可充分利用土地和光照，提高土地利用率，增加果园早期经济效益。在生产上梨园较为适宜的间作物有花生、白菜、西瓜、甜瓜和草莓等低秆作物，但必须杜绝间作高秆作物玉米、小麦等。间作时，梨树行内留出营养带，其宽度第 1 年为 1 m，第 2 至第 3 年为 1.5 ~ 2.0 m。并对间作物合理灌溉、施肥和轮作倒茬，避免与梨树争肥、争水和造成土壤营养失调及有害物质积累。间作物收获后，秸秆可作为覆盖物或深翻梨园时埋入土中。

二、施肥管理

（一）梨树需肥特点

梨树对矿质营养吸收与器官生长规律一致，即器官生长高峰就是需肥高

峰；对氮和钾的需求量高。前期氮肥吸收量最大，后期氮素吸收水平显著降低，而钾吸收量仍保持很高水平；对磷的需求相对较低；且各个时期变化不大。氮、磷、钾三元素吸收比例为 1∶0.5∶1。梨的新梢和叶片形成早而集中，同时开花、坐果、花芽分化都需要大量营养，但梨的根系分布稀疏，肥效表现慢，仅靠临时追肥常不能满足需要。因此，梨树施肥提倡秋施基肥，早春追肥。梨是深根性果树，根系发达，主根入土深，侧根分布宽。因此，肥料要深施和分散施用。施在树冠外 50 ~ 100 cm、深 30 ~ 50 cm 的四周土层内，不宜浅施和集中施用。

（二）梨树年需肥规律

春季是梨树器官生长和建造的时期，根、枝、叶、花、果的生长发育随着气温的上升而加快。开花、受精、坐果和幼果发育需要的氮素多。此期氮素不足，果实细胞分裂慢、停止早，果个小。5 月末，果实中开始积累碳水化合物，6 月大部分叶片定型，新梢逐渐停止生长，对氮需求显著下降，但果皮细胞的分裂、叶绿素的更新、叶中维持叶蛋白含量水平、枝芽充实、果实膨大等仍需要相当数量的氮素，为促使新梢及时停长，氮素不宜过多。8 月初，氮素对果实大小无明显影响，如再供氮，果实风味下降。土壤中含氮量与有机质含量呈正相关，随着土温上升，有机质分解，土壤中有效性氮增加。梨树对钾的需要与氮相似，前期后期对钾需要都很多。钾对果实膨大和糖分积累有促进作用，因此，钾停用越早，果实越小，风味越差，钾以一直供应为好，直至采果后。梨树对磷的需要量不如氮和钾多，全年变动不大。磷对果实大小影响不大，但对后期果实糖分积累、花芽分化、根的生长有间接影响。

梨树施肥的时期、深度、广度和肥料种类，既要依据土壤肥力特点、梨树对营养元素的需求规律，又要考虑到根系生长、分布特点，综合确定。梨树在年生长周期内的显著特点是前期需肥量大，供需矛盾突出。其中，萌芽开花期对养分的需要量较大，但主要利用树体上年贮存的养分；新梢旺盛生长期，氮、磷、钾的吸收量最大，尤其对氮的吸收量最多；花芽分化和果实迅速膨大期对钾的吸收量最大；果实采收后至落叶期主要是养分积累回流，以有机营养的形式贮藏在树体内。

（三）施肥原则

梨树所施用肥料不能对果园环境和果实品质产生不良影响，而且是农业行政部门登记或免于登记的肥料。允许施用的肥料种类有：有机肥料、微生物肥料、无机肥料。有机肥料包括堆肥、沤肥、厩肥、沼气肥、绿肥、作物秸秆肥、泥炭肥、饼肥、腐殖酸类肥、人畜废弃物加工而成的肥料等。微生物肥料包括微生物制剂和微生物加工肥料等。无机肥料包括氮肥、磷肥、钾肥、硫肥、钙肥、镁肥及复合（混）肥等。能进行叶面喷施的肥料包括大量元素类、微量元素类、氨基酸类、腐殖酸类肥料。限制使用的肥料有含氯化肥和含氯复合（混）肥。

（四）梨树所需营养及其功能

1. 大量元素

大量元素是梨树生长发育中需要量很多的元素。植物所需要的化学元素有40多种，其中需要量最大的是氮、磷、钾3种。氮素是叶绿素、蛋白质的组成部分，是梨树营养生长的重要元素。氮素缺乏直接影响叶片的光合作用和碳水化合物、蛋白质的形成。造成叶片小而薄，色泽变黄，枝叶量减少，新梢生长势弱，果实变小，容易落花落果。氮素过多，枝叶旺长，花芽不易形成，果实品质变差，枝条不充实，容易遭受低温危害。磷素也是构成蛋白质的重要元素，特别是构成细胞核的核酸所必需的。有促进花芽分化，果实发育、种子成熟、根系生长的作用。磷素不足，枝梢发育不充实，容易引起早期落叶、花芽发育不良，降低果实品质，减弱抗寒、抗旱能力。钾素的主要功能是促进酶的转化和运转，促进枝条组织成熟，有利于枝条加粗生长，增强抗逆性。钾素不足引起碳水化合物和氮的代谢功能紊乱，蛋白质合成受阻，导致营养生长不良，枝条生长变弱，果实品质变差，枝条抗寒性降低。

2. 微量元素

微量元素是梨树生长发育中需要量很少的元素，它是梨树生理及代谢过程中不可缺少的营养元素，缺少微量元素梨树会发生生理病害。梨树所需要的微量元素有钙、镁、铁、硼、锌等。其中，钙在梨树体内起平衡生理活动的作用，促进铵态氮的吸收，保证细胞的正常分裂。梨树叶片钙的含量应在1.08%~2.80%范围内。缺少钙时，叶片小，个别枝条枯死，有的花朵萎缩，降低果实品质。镁是叶绿素的重要组成部分，参与磷化物的生物合成，促进磷的吸收同化。缺镁时，影响叶绿素的形成，基部叶片叶脉间出现黄绿或黄白色斑点，逐渐变成褐斑，严重时早期脱落。铁能促进某些酶的活性，

与叶绿素的形成有关。一般需铁的临界浓度是 20～30 mg/L。缺铁常发生失绿症，幼叶失绿，叶肉变黄绿色，叶脉为绿色。随着病情加重，叶脉也变黄色，接着叶片出现褐色枯斑或枯边现象，最后叶片脱落，影响梨树的生长发育。硼有促进花粉发芽的作用。可提高果实维生素 C 和糖的含量。花期喷硼可减少落花落果。缺硼可使梨树发育不良，影响花粉发芽，果肉出现木栓化，降低果实的品质。锌素是某些酶的组成部分。缺锌时，新梢变细，顶端叶片变小，常出现丛生叶，称为小叶病。严重时使树体变弱，影响花芽分化，果实发育不良。

（五）施肥量和配方施肥

1. 施肥量

梨树树体健壮状况、产量高低和果实优劣与土壤有机质含量有密切关系。施用有机肥较多梨园，土壤有机质含量高，树体健壮，产量高，果实品质好。

矿质元素是梨树生长发育不可缺少的。其施用量受品种、砧木、树龄、树势、土壤类型和结构、土壤有机质含量、土壤管理制度及梨树本身的年需要量等的影响。梨树在确定施肥量时应根据多种因素综合考虑。梨树生长所需要的矿质元素主要是通过根系从土壤中吸收的，土壤中矿质元素的丰缺直接关系到树体生长发育状况。不同地区、不同地带及不同果园土壤矿质元素含量差异很大。华北平原土壤中矿质元素含量相对较低。不同养分含量有不同的丰缺诊断指标。具体如表 6-1 所示。

表 6-1　华北平原土壤主要营养状况划分标准

元素种类与状态		高	较高	中等	低	极低
有机质（%）		—	>1.5	1.0～1.5	0.6～1.0	<0.6
N	全氮（%）	>0.15	0.10～0.15	0.05～0.10	<0.05	
	碱解氮（mg/kg）	>150	90～150	60～90	30～60	<30
P	全磷（%）	>0.25	0.15～0.25	0.06～0.15	<0.06	
	速效磷（mg/kg）	>17.45	8.72～17.46	2.15～8.72	1.31～2.18	<1.31
K	全钾（%）	>3.320	2.49～3.32	1.66～2.49	0.332～1.660	<0.332
	速效钾（mg/kg）	>124.48	82.99～124.48	41.49～82.99	24.90～41.49	<24.90

土壤 pH 影响着土壤矿质元素的有效性，梨树吸收利用的是土壤中有效性矿质元素，即使某种元素土壤含量高，但由于其有效含量低，梨树也会表现该元素的缺素症。铁、锰、锌、硼等微量元素的丰亏多用有效性含量来表示，如表 6–2 所示。不同的土壤矿质元素都有其最大限度可利用的 pH 范围，具体如表 6–3 所示。

表 6–2　土壤中有效性铁、锰、锌、硼的丰亏指标

单位：mg/kg

矿质元素	不足	临界值	充足	浸体方法
铁	<0.5	0.5～1.0	>1.0	DTPA 法浸提
锰	<2.5	2.5～4.5	>4.5	DTPA 法浸提
锌	<1.0	1.0	>1.0	DTPA 法浸提
硼		0.5		热水浸提

表 6–3　土壤不同矿质元素可利用的 pH 范围

矿质元素	最大可利用的 pH 范围
N	5.8～8.0
P	6.5～7.5
K	6.0～7.5
Ca 和 Mg	7.0～8.5
Fe	4.0～6.0
Mn	5.0～6.5
Cu 和 Zn	5.0～7.0
B	5.0～7.0

梨树树体的各个器官中，叶片的矿质元素含量最高，多种矿质元素的丰亏首先表现在叶片上，进行叶片分析能及时准确地反应树体矿质元素营养状况。在广泛调查分析不同红梨园产量、果实品质与叶片矿质元素含量的基础上，提出其叶片诊断标准值，对于不同红梨园可通过比较分析确定树体矿质元素的缺乏和过剩。与叶片标准值相适应的诊断方法是“盈亏指数”诊断法。该方法是以标准值理论为基础，用样品中某元素的含量（x）占标准值中该元素（X）的百分数表示，即某元素的盈亏指数 $Y=(x \div X) \times 100\%$。

其中 Y 等于 100%，表示既不缺少也不过剩；Y 大于 100% 表示过剩，数值越大过剩越严重；Y 小于 100% 表示元素缺乏，数值越小缺素越严重。需要说明的是盈亏指数法只能判断单个元素的营养状况。

不同品种、树龄和树势的红梨，要求的施肥量不同。一般情况下，生长较旺的幼树，应少施氮肥，多施磷、钾肥，以控制枝条旺长，促进枝芽成熟，增强抗逆性，提早进入结果期。生长较弱的盛果期树应适当增加氮肥和钾肥用量，使氮、磷、钾比例适当，保证大量结果和生长发育的需要。进入衰老期大树，应多施氮肥，以复壮树势，延长结果年限。

2. 配方施肥

一种元素在土壤中过多或施用过多会对其他元素产生拮抗现象。对树体生长发育不利。氮、磷、钾施用不合理，不利于果树的优质丰产。在梨的区域化栽培中，规定砧木和品种搭配，及时掌握不同地区的土壤和叶分析情况，并及时供应适宜的专用复合肥，很少发生施肥不合理现象。因此，根据土壤和叶分析，进行配方施肥很有必要。

以营养平衡原理为基础，Beaufile 经过多年研究，提出了叶片营养元素的“综合诊断法”，简称 DRIS，其诊断公式是：

$$F(X/A)=100\left(\frac{X/A}{x/a}-1\right)\times\frac{10}{c.\ v.}(X/A\geqslant x/a), \tag{6-1}$$

式中：X/A 为样品中两元素之比，x/a 为诊断标准中相对应的两元素之比，$c.\ v.$ 为变异系数。当 $X/A>x/a$ 时函数为正值，当 $X/A<x/a$ 时函数值为负值。计算 DRIS 指数的通式为：

$$X_{指数}=\frac{f\ (X/A)\ +f\ (X/B)\ +\cdots-f\ (F/X)\ -f\ (G/X)\ \cdots}{n-1}, \tag{6-2}$$

式中：X 表示某一元素，A，B，…，F，G，…表示与 X 组成比例的其他元素。当 X 为分子时函数为正号，当 X 为分母时函数为负号，n 为被诊断元素的个数。根据上述公式“综合诊断法”原理，可得出 N、P、K、Ca、Mg、Fe、Mn、Cu、Zn、B 等元素便于计算机编制程序的综合诊断法指数公式：

$$N_{指数}=\frac{f(N/P)+f(N/K)+\cdots-f(N/B)\cdots}{10-1}。 \tag{6-3}$$

$$Fe_{指数}=\frac{f(Fe/Mn)+\cdots+f(Fe/B)+\cdots-f(N/Fe)-\cdots-f(Mg/Fe)}{10-1}。 \tag{6-4}$$

$$P_{指数}=\frac{f(P/K)+\cdots+f(P/B)-f(N/P)}{10-1}。 \tag{6-5}$$

$$Mn_{指数} = \frac{f(Mn/Cu) + \cdots + f(Mn/B) - f(N/Mn) - \cdots - f(Fe/Mn)}{10 - 1}。 \quad (6-6)$$

$$K_{指数} = \frac{f(K/Ca) + \cdots + f(K/B) - f(N/K) - \cdots - f(P/K)}{10 - 1}。 \quad (6-7)$$

$$Cu_{指数} = \frac{f(Cu/Zn) + \cdots + f(Cu/B) - f(N/Zn) - \cdots - f(Mn/Cu)}{10 - 1}。 \quad (6-8)$$

$$Ca_{指数} = \frac{f(Ca/Mg) + \cdots + f(Ca/B) - f(N/Ca) - \cdots - f(K/Ca)}{10 - 1}。 \quad (6-9)$$

$$Zn_{指数} = \frac{f(Zn/B) - f(N/Zn) - \cdots - f(Cu/Zn)}{10 - 1}。 \quad (6-10)$$

$$Mg_{指数} = \frac{f(Mg/Fe) + \cdots + f(Mg/B) - f(N/Mg) - \cdots - f(Ca/Mg)}{10 - 1}。 \quad (6-11)$$

$$B_{指数} = \frac{-f(N/B) - f(P/B) - \cdots - f(Zn/B)}{10 - 1}。 \quad (6-12)$$

当“综合诊断指数”为负值时，说明该元素缺乏，负值的绝对值越大，缺乏越严重；相反，当“综合诊断指数”为正值时，说明该元素过剩，正值越大过剩越严重；如果为零，表明不缺乏也不过剩。

（六）施肥种类

1. 基肥

①基肥的种类及有效成分含量。具体如表6-4所示，基肥应以有机肥为主，配合适量磷肥。易被土壤固定的铁肥、锌肥等，如需施用，可与有机肥混合后施入。

表6-4 基肥种类及有效成分含量 单位:%

种类		有效成分			
		有机质	氮	磷	钾
人粪尿	人粪	20.00	1.00	0.50	0.37
	人尿	3.00	0.50	0.13	0.19
厩肥	猪厩肥	11.50	0.45	0.19	0.60
	马厩肥	19.00	0.58	0.28	0.63
	牛厩肥	11.00	0.45	0.23	0.50
	羊厩肥	28.00	0.83	0.23	0.63
	鸡粪	25.50	1.63	1.54	0.85

续表

种类		有效成分			
		有机质	氮	磷	钾
堆肥	青草堆肥	28.20	0.25	0.19	0.45
	麦秸堆肥	81.10	0.18	0.29	0.52
	玉米秸堆肥	80.50	0.12	0.16	0.84
	稻秸堆肥	78.60	0.92	0.29	1.74
绿肥	苜蓿	—	0.56	0.18	0.31
	毛叶苕子	—	0.56	0.13	0.43
	草木樨	—	0.52	0.04	0.19
	田箐	—	0.52	0.70	0.17
饼肥	大豆饼	78.40	7.00	1.32	2.13
	棉籽饼	82.20	3.80	1.45	1.09
	花生饼	85.63	6.40	1.25	1.50
	菜籽饼	83.00	4.60	2.48	1.40

②施肥时期和方法。基肥施用时期以果实采收后至落叶前的秋季施用最好。最好结合土壤深翻进行。通过施基肥深翻土壤，加强了叶的功能，增进了树体的营养积累，有利于翌年坐果和营养生长。秋季施肥越早越好，有利于施肥中切断的根系伤口的恢复和新根的生长。基肥的施用方法有4种：一是环状施肥法。就是在树冠外20～30 cm处挖深30～40 cm的环状沟。该法适于幼树、成年树。通过环状施基肥，逐年外移，达到全面改善土壤结构的目的。二是放射状施肥法。该法多用于成年大树，以树干为中心向树冠外围挖5～6条放射状沟，内深25 cm，向外逐步加深到40 cm。三是条状沟施肥。就是在树冠两侧各挖一条深30～40 cm的沟，施入基肥，多用于密植梨园。四是全园施肥法。对于梨根系已相互交接的老梨园或密植梨园，可采用全园撒施法，但要注意防止根系上移。老梨园可和放射状施肥法隔年交替应用；密植园可和条状沟施肥法交替应用。

③施肥量。梨树高产优质的基础是提高施肥水平，增加基肥用量。施肥量应根据达到的产量指标、土壤肥力、品种、肥料种类而定。一般确定基肥施肥量有4种方法：一是按每产100 kg梨果需纯肥量和氮、磷、钾比例确

定施肥量。二是以叶片含氮量作为高产稳产的施肥用量指标。三是按土壤供给氮、磷、钾的实际吸收量，其余由施肥量补足。就是根据梨树对施入肥料的吸收利用率，确定梨施肥量标准。四是按斤果斤肥施用基肥，该法简单易行。若要求果实产量达到 3000 ~ 4000 kg/亩，则施基肥量就为 3000 ~ 4000 kg/亩。

2. 土壤追肥

梨树不同物候期，对各种肥料的需求不同。在最需要养分的物候期，用速效肥料追肥，对梨树生长发育和高产稳产有很大作用。具体施肥次数、时期和用量应根据土壤、气候、树势、结果量等来确定。高温多雨地区和沙质土壤，肥料易流失，追肥应少量多次；反之，施肥次数可适当减少。基肥充足，土壤肥力高，土壤追肥次数和施肥量可少。幼树追肥次数宜少，随着树龄增大，结果量增多、树势衰弱，追肥次数和施肥量应有所增加。在一般情况下，幼树每年追肥 2 ~ 3 次，成龄树追肥 3 ~ 4 次。

①花前追肥。花前芽萌动、雄蕊形成、雌蕊生长发育、开花、受精、卵发育及抽枝、发叶都需要大量养分，该期营养主要靠树体内贮藏积累的养分，但远不能满足需要，特别是氮素，如不足，不仅影响坐果，也影响枝叶的生长发育。花前追肥应以速效氮肥为主，配合适量的磷肥。

②花后追肥。该期也叫幼果生长发育期追肥，开花后新梢旺盛生长和大量坐果，需要养分。此次追肥可调节枝、叶生长与果实发育对养分的竞争，减少生理落果，促进枝叶生长，并为花芽分化创造条件。以速效氮肥为主配合适量的钾肥。

③果实膨大期追肥。新梢停止生长后进入果实膨大期，又是花芽分化期，两者均需要足够的养分。此期追肥，可增大果个，提高果实含糖量，促进果实着色和花芽分化，应以速效性钾肥为主，配合适量的磷肥和氮肥。但氮肥用量不宜过多，否则，会降低果实风味。

④果实生长后期追肥。在结果量很多的梨树上，为保证果实符合质量标准要求和提高花芽形成质量，可在此期追肥 1 次；氮、磷、钾配合施用。追肥量根据土壤、品种、树龄确定。一般追施尿素 0.5 ~ 1.0 kg/100 kg 或硫酸铵 1 ~ 2 kg/100 kg，过磷酸钙 1 ~ 2 kg/100 kg，草木灰 3 ~ 5 kg/100 kg。幼树施尿素 0.2 ~ 0.5 kg/株。一般采用放射状、条状、环状沟施或穴施，深 10 cm 左右，追肥结合梨园灌水效果最好。

⑤采果后追肥。该次追肥可促进根系的生长发育，延缓叶片衰老，恢复

和增强树势，提高树体贮藏营养水平，充实枝芽，增强植株越冬能力。以速效性磷肥和钾肥为主，配合适量氮肥。

成龄梨树追肥宜在树盘内采用放射沟和穴状施肥法。氮肥在土壤中移动性强，可浅施，钾肥和磷肥移动性差，应施在根系集中分布区。含有易被土壤固定元素的肥料，如磷肥、铁肥、锌肥及迟效性肥料骨粉等，最好与有机肥混合后施用。

红梨规模化栽培可将速效性肥料结合喷灌、滴灌等进行灌溉式施肥，可提高肥料利用率，不伤根系，肥分分布均匀，也可节省施肥用工。

3. 根外追肥

根外追肥又称叶面喷肥。叶片气孔和叶角质层都能吸收无机营养。叶面喷肥具有用量少、肥效快，避免某些元素被土壤固定的优点。一般喷后0.25～2 h就可吸收，硝态氮15 min细入叶肉，铵态氮2 h吸入叶肉。叶背比叶表吸收快，用叶面喷肥补充土壤追肥不足，对于提高叶片质量和寿命、增强光合效能具有很重要的作用。当前，叶面喷肥应用最多的肥料是单元素和二元素肥料（表6-5）。适于梨树叶面喷适肥料还有稀土微肥、黄腐酸类肥料和氨基酸类肥料及多元素复合叶肥。张传来等用四川省成都农用化工研究所生产的氨基酸液肥，其氨基酸含量≥100 g/L，Fe、Mn、Zn、Mo、B≥20 g/L，6月22日和8月10日在‘满天红梨’和‘美人酥梨’上施100、300、500、700倍液氨基酸液肥，能显著或极显著地增加两品种果实中可溶性总糖和还原糖含量，糖酸比提高，游离氨基酸含量显著增加，但非还原糖、总酸、Vc和蛋白质含量各处理间变化不大。周瑞金采用同样的氨基酸液肥和时间在‘满天红梨’上的研究结果表明：喷施氨基酸液肥后，‘满天红梨’果实可溶性固形物含量极显著提高，平均单果重和果实干物质含量有所增加，水分和总酸含量有所下降，增产效果明显。张传来等在‘红酥脆梨’上的研究也得到相同的结果。应用河北农业大学研制出的梨平衡叶肥含有6种营养元素，石家庄农业大学研制出的多效素含有13种营养元素，这些肥料喷施后可提高叶片质量，增强光合作用，增进果实品质。

表6-5　梨树叶面喷肥种类、浓度和时期

肥料名称	喷施浓度/%	喷施时期	数量/次
尿素	0.3～0.5	花后至采果后	2～4
尿素	1～2	落叶前1个月	1～2

续表

肥料名称	喷施浓度/%	喷施时期	数量/次
硫酸铵	0.4～0.5	花后至采果后	2～4
过磷酸钙浸出液	0.5～1.0	花后至采果前	3～4
硫酸钾	0.3～0.5	花后至采果前	3～4
硝酸钾	0.3～0.5	花后至采果前	2～3
磷酸二氢钾	0.3～0.5	花后至采果前	2～4
草木灰浸出液	10～20	6月至采果前	2～3
氯化钙、硝酸钙	0.3～0.5	花后4～5周	2～4
硫酸镁、硝酸镁	0.2～0.3	花后至采果前	2～4
硫酸亚铁	0.2～0.3	花后至采果前	2～3
硫酸亚铁	2～4	休眠期	1
螯合铁	0.05～0.10	花后至采果前	2～3
硫酸锰	0.2～0.3	花后	1
硫酸铜	0.05	花后至6月	1
硫酸锌	0.2～0.3	花后至采果前	1
硼酸、硼砂	0.2～0.5	花期前后	1
钼酸铵、钼酸钠	0.2～0.4	花后	1～3

梨根外追肥要注意配比浓度，根据外界气温掌握好浓度、用量和喷施部位。一般梨园每隔10 d喷布1次，连续3～4次。喷布时间在傍晚好，喷布吸收好，肥效高。

为解决因缺乏微量元素而产生的缺素症等生理病害，也可在花期喷0.2%～0.5%的硼酸溶液，不仅可治疗缺硼症，还能提高坐果率。对缺铁引起的黄叶病，也可用0.2%的 $ZnSO_4$ +0.2%的 $FeSO_4$ +0.1%的尿素溶液，用水化开配制而成。就是50 kg水中加入100 g $ZnSO_4$ +100 g $FeSO_4$ +50 g尿素。为提高防治效果，降低碱性，提高药效，可在水中加入200～300 g食用醋。要求随配随喷施，一般间隔7～10 d，连喷2～3次可有效防治梨树黄叶病危害。

（七）新型肥料蓓达丰产品

1. 蓓达根高钙型透气肥

蓓达根高钙型透气肥是以豆粕、玉米浆、淀粉、蔗糖、鱼骨粉、蓖麻油为原料的微生物发酵副产物、活菌代谢物。肥料含有机质 80%、粗蛋白 30%，生物活性钙 3%，生物磷 3%，氨基酸 10%，SLMRE-1 + 胶原蛋白肽 0.5%，有益菌 2 亿/g，还含有中微量元素及维生素。为粉剂，规格为 40 kg/袋。

①产品作用。该产品能够促进土壤团粒结构形成，提高土壤供肥能力，促进根系生长，有效阻止和干扰病原微生物在植物上定殖与侵染，抑制病原菌生长和繁殖，改善果树生存环境。能有效防治梨树重茬病、根腐病等病害的发生，对梨树黄化也有很好的治疗作用。该产品高度浓缩全营养，使果树生长旺盛，激活土壤固化的氮磷钾及中微量元素，可提高梨树产量，同时提升果实口感和外观品质，使梨果更耐贮藏和运输，能够促进梨树花芽分化，减少生理性落花落果，保花保果效果显著。对土壤板结、盐渍化、盐碱酸化等，有彻底修复功能。能够使果树根系得到足够营养，让根系自由呼吸，从而促进根系主根粗壮，侧根多而密，毛细根浓密发达。

②使用方法。可做基肥、追肥，进行穴施、沟施和撒施。做基肥使用，1~3 年生梨树施 1~2 kg/株，3 年及以上果树施 2~4 kg/株，与复合肥一起施道环状沟内，与土混匀，浇水覆盖即可。在每次追施化肥时，可加入本品 40~60 kg/亩，施后浇水。

③有关说明。本品可与大多数农药、肥料混合施用。密封条件下，存放于阴凉、通风室内背光处。长期存放，出现白色菌丝体，不影响施用效果。该产品保质期 24 个月。本产品符合中华人民共和国农业农村部有害物质限量标准：汞（Hg）≤5 mg/kg，砷（As）≤10 mg/kg，镉（Cd）≤10 mg/kg，铅（Pb）≤50 mg/kg，铬（Cr）≤50 mg/kg。

2. 蓓达果—大量元素水溶肥

该产品为粉剂，规格为 5 kg×4 袋/箱。分为高钾型和平衡型两种。高钾型能膨大果实，促进梨果着色，增加糖分，提高口感。平衡型可促根壮苗，保花保果，植株健壮，叶绿肥厚。该产品全营养、全水溶、全吸收，可应用于滴灌、喷灌、冲施、喷施等各种方法。特别是添加甲壳素及植物内源激素，能缓解土壤板结，提高果树抗旱、抗再植、抗盐碱、抗病害的能力。

可提高肥料利用率，增产显著。

①使用方法。冲施使用量5～10 kg/亩，10～15 d 1次；滴灌使用量5～8 kg/亩，同样5～15 d 1次，喷雾浓度是500～1000倍，间隔5～10 d。在温度相对较低时使用。

②注意事项。可将本产品存放于阴凉干燥处，小孩接触不到地方，避免与强碱性农药混施，久置易潮解，结块不影响品质。

3. 蓓达叶—果树专用肥

蓓达叶—果树专用肥通用名为含氨基酸水溶肥，规格为550 g。该产品对梨树具有抗病抗逆，膨果着色；治疗黄化，提高品质功效。此外，还能改良土壤，解磷、解钾、解除草剂药害、有机磷药害、生理性病害、破除地块板结，改良土壤之功效。能增加梨果耐贮存性，使果皮硬而脆，口感甜美，不易腐烂。

进行叶面喷施前，兑水稀释500～1000倍液，可替代追肥，喷在梨树正反叶面，间隔期7 d以上。喷施时间秋季在16：00，夏季在18：00后，喷施后浇水；在冬季结晶不影响质量，喷施3 h后遇雨要补喷。

4. 蓓达丰—蓓达叶—纯肽鱼蛋白

蓓达丰—蓓达叶—纯肽鱼蛋白源自海洋鱼虾蟹类动物胶原蛋白，经先进的酶解工艺制得富含甘氨酸、组氨酸、脯氨酸、羟基脯氨酸、天门冬氨酸、丙氨酸等18种氨基酸，小分子肽及天然活性壳聚寡糖、天然鱼料钙质等多功能组分的纯天然生物激活制剂。通过激活植物潜能，提高作物对营养的吸收能力；提高光合速率，增加碳吸收量；补充微量元素，提高作物抗病能力；提高对高温、低温、干旱、霜冻、盐碱等逆境中的生存能力；对药害、肥害有很好的缓解作用；健壮植株刺激作物发挥最大增产潜能。

①作用。该肥料能打破休眠，促进生长，生根养根；修复土壤，消除板结，抗重茬，营养全面，彻底解决黄化；能提高叶绿素含量，增强光合作用，促进合成纤维素；为纯天然提取，无任何添加剂，使用安全；能提高梨果营养物质含量，增糖着色，砌果着色鲜艳。

②用法。使用本品兑水稀释300～500倍液，进行叶面喷施。间隔7～15 d喷施1次。

③注意事项。本品可与大多杀菌剂、杀虫剂（碱性药剂除外）混合使用，并有相互增效作用；施用时间在10：00前，16：00后喷施，喷施50 min，遇雨无须重喷；要存放于阴凉通风，儿童触及不到之处。

5. 蓓达叶—中微量元素—钙镁硼

蓓达叶—中微量元素—钙镁硼通用名是中微量元素水溶肥，为悬乳剂，是采用糖醇螯合技术产生的钙镁硼肥，主要技术指标铁（Fe）+锌（Zn）+硼（B）≥100 g/L，内含高效渗透剂，全水溶，无残渣，易吸收，安全性高。

①作用。可以促进作物生长、壮根养根、促进光合作用，有效防治叶片黄化等症状。能快速纠正梨树因缺素引起的水心病、苦痘病等，并可延长梨果保鲜期。能促进梨花芽分化，刺激花粉管伸长，减少落花落果之功效。可以改善果实品质，促进果实膨大；促进维生素 C 形成，增甜，增强抗逆性及抗病虫能力。

②使用方法。进行叶面喷施；兑水稀释 500～1000 倍液，喷雾均匀，叶面正反面喷透。在梨树盛花期进行叶面喷施，7～15 d/次，连喷 2～3 次。

③注意事项。本品应在阴凉干燥处保存。在贮存中若有少许沉淀，摇匀后使用不影响效果。不要与含硫酸根、强碱性的农药及肥料混用。喷施时间同样在 10：00 以前或 16：00 后，阴天可全天进行喷施，喷后 3 h 遇雨要补喷。

三、水分管理

（一）梨树需水特点

梨是需水较多的果树，对水分反应较为敏感。在我国北方地区，干旱是主要矛盾之一，西北干旱梨区更为突出。在西北及北缘地区除要选用抗寒耐旱砧木与品种外，特别要注意灌水保墒工作。华北、山东及黄河故道地区，降水量足够。但由于降水季节集中于 7—8 月，故春、秋、冬仍干旱，要注意及时灌水。春夏干旱，影响梨树生长结果，秋季干旱易引起早落叶，冬季少雪严寒，树易受冻害。据研究测定，梨树每生产 1 kg 干物质需水 300～500 kg，生产 30 t/hm^2，全年需水 360～600 t，相当于 360～600 mm 降水量。凡降水不足地区和出现干旱时均应及时灌水，并加强保墒工作。

（二）梨树需水规律

梨树需水状况首先是由自身发育所决定；同时也受气候条件和降水量的

影响，降水量大于600 mm的地区，灌水是季节调整的辅助方法，降水量低于360 mm的地区必须灌水。梨树全年需水规律是前多、中少、后又多。因此，梨树上灌水应掌握灌、控、灌的原则，达到促、控、促的目的。

（三）梨树灌水方法

梨树传统的灌水方法有沟灌、畦灌、盘灌、穴灌等。采用漫灌，耗水量大，易使肥料流失，盐碱地易引起返碱。早春漫灌，降低地温，对萌芽开花不利。梨园规模化栽培易采用喷灌、滴灌、微喷灌和渗灌，或者采用开沟渗灌。盐碱地宜浅灌不宜深灌和大水漫灌。

（四）需水量和灌水量

梨树和其他植物一样，要靠叶片蒸腾水分来调节树体内的温度，使无机养分随水分一起输送到枝、干和叶片。一般叶片蒸腾水40 mL/(m^2·h)。叶片中有足够的水分，才能进行光合作用。据试验，形成光合产物所需水分150～400 mL/g，每形成1 g干物质，所蒸腾的水量称需水量。梨树灌水量可采用以下两种方法。

一是根据不同土壤持水量、土壤湿度、土壤容重、浸湿深度计算灌水量。其公式是：灌水量=灌溉面积×土壤浸湿深度×土壤容重×(田间持水量－灌前土壤湿度)。

二是根据需水量和蒸腾量确定每亩灌水量。其计算公式是：每亩灌水量=[果实重量×干物质(%)+枝、叶、茎、根生长量×干物质(%)]×需水量。

梨树要求土壤水分经常保持田间最大持水量的60%～80%，最好降到50%时就要灌水。壤土或沙土手握成团，松开手后土团散开，应及时灌水；黏土握成团后，轻轻挤压便出现裂缝时，应灌水。树体外观形态上表现为梢尖弯垂、叶片萎蔫，经过1个晚上，第2天仍不能恢复原状，说明土壤已严重缺水，应立即灌水。灌水量以渗透根系集中分布层为宜。

（五）5个关键灌水时期

1. 萌芽前

梨树春季萌芽前需消耗大量水分，而北方正值干旱多风时期，适量灌水有利于萌芽开花。如‘红香酥梨’在河南省周口市川汇区应在3月下旬进行灌水。

2. 幼果膨大期

梨树幼果膨大期生理机能旺盛，新梢生长和幼果膨大同时进行，是梨树需水临界期，灌水可加速新梢生长，减少生理落果，促进花芽形成。如'红香酥梨'在河南省周口市川汇区应在 4 月下旬或 5 月上中旬进行灌水。

3. 果实迅速膨大期

该期梨果生长迅速，但往往天气干旱，是梨树需水量最大的时期，灌水可促进果个增大，提高品质，增加产量和促进花芽形成。如'红香酥梨'在河南省周口市川汇区应在 6—7 月进行灌水。

4. 果实采收后

梨大量结果后树体处于"亏空"状态，结合秋施基肥灌足水分，有利于叶片功能迅速恢复。如'红香酥梨'在河南省周口市川汇区应在 9 月下旬或 10 月上旬进行灌水。

5. 土壤封冻前

该期灌水可提高梨抗寒、抗旱能力，有利于树体安全越冬，也为翌年生长发育打下良好基础。如'红香酥梨'在河南省周口市川汇区应在 10 月下旬或 11 月上旬进行灌水。

每次灌水后应及时松土。水源缺乏梨园应用作物秸秆、绿肥等覆盖树盘，以利于保墒。提倡采用滴灌、渗灌、微喷等节水灌溉技术。

（六）排水

梨园建在低洼地、碱地、河谷地及湖、海滩地上，地下水位高，雨季易涝，应建立好排水工程体系，做到能排能灌，降低地下水位，保证雨季排涝防渍。北方 7—8 月应注意排出积水。

（七）旱地水分调控技术

1. 建贮水窖

在干旱少雨的北方，雨水大多集中在 6—8 月，这时可将多余的水分贮存起来。具体可采用建蓄水窖的方法。建蓄水窖应选在梨园附近，地势低易积水的地方，大小可根据降雨量和梨园面积而定，窖底和四壁要保持不渗水。干旱时可用窖水浇灌。

2. 改良土壤

采取深翻土壤，多施有机肥，可改良土壤结构，提高土壤的贮水能力。

3. 覆盖保水

覆盖保水采用作物秸秆（如玉米秸、麦秸等）、地膜、绿肥等进行地膜覆盖，以减少土壤水分蒸发，提高土壤肥力、提高地温和减少杂草生长。

4. 使用保水剂

保水剂是一种高分子树脂化工产品。其在遇到水分时能在极短时间内，吸水膨胀350～8000倍，吸水后形成胶体，即使施加压力也不会把水挤出来。保水剂以500～700倍的比例渗入土壤中，降雨时贮存水分，干旱时释放水分，持续不断地供给梨树吸收。保水剂在土壤中反复吸水，可连续使用3～5年。

思考题

试总结红梨规模化栽培土肥水管理技术的要点。

第七章　红梨花果管理技术

一、预防晚霜危害

在北方梨产区，梨树开花期多在终霜期以前，花期遭受晚霜危害较大。花期受冻的临界值分别为：现蕾期 -4.5 ℃、花序分离期 -3 ℃、开花前 1～2 d 为 -1.1～1.6 ℃、开花当天 -1.1 ℃，开花后 1 d 以上，耐低温能力有所提高，为 -1.5～2 ℃。在不同的花器官中，雌蕊最不耐寒，因此，花期如遇霜冻发生，雌蕊最先受冻。雌蕊受冻的花虽然能正常开放，但不能结果。霜冻严重时，整个花器均会受冻，致使枯死脱落。北方梨产区，在梨树花期应注意当地的天气预报，当气温有可能降至 1 ℃及其以下时，应做好预防霜冻的准备工作。目前，生产上预防花期霜冻的措施主要有 5 种。

（一）加强综合管理，提高抵御能力

加强综合管理，增施有机肥，严防病虫危害，防止徒长，高树体贮藏营养水平，充实枝芽，以增强树体的抵抗能力。

（二）延迟发芽，避开晚霜危害

萌芽前至开花前，土壤灌水或对树体喷水，全树或树干、主枝涂白均可减缓树温上升，推迟萌芽或开花期。上一年秋季对树体喷布 50～100 mg/kg 的赤毒素（GA）$_3$，也可推迟花期 8～10 d。

（三）果园熏烟

熏烟材料主要有树叶、锯末、杂草、作物秸秆、麦糠、稻糠等。当预报将有霜冻发生时，堆放熏烟材料 3～4 堆/亩，果园气温降至接近 0 ℃，及时点燃，点火后防止发生火苗，使其冒出浓烟。

（四）果园吹风

辐射霜冻多发生在无风的天气下，利用大型吹风机对果园吹风，可以加快空气流通，阻止冷空气下沉和吹散冷空气，起到防霜效果。

（五）喷布防冻剂

目前，生产上应用的防冻剂有天达2116和甲克丰，于花期喷雾，天达2116使用浓度为500～600倍，甲克丰使用浓度为600～800倍，但喷布上述两种防冻剂还可使果实提早成熟7～10 d，应根据具体情况实施。

二、促进授粉

梨树绝大多数品种自花不实，若授粉树配置不当或花期遇不良气候条件如低温、霜冻、阴雨、大风、高温干燥等，均会导致授粉不良，坐果率低，造成落花落果，降低产量。通过人工辅助授粉，不仅可有效提高坐果率，达到丰产稳产，而且幼果生长快，果实个大，果形端正。

（一）花期放蜂

在梨树开花前2～3 d，将蜜蜂引入梨园内，待梨花开放时，蜜蜂通过采蜜飞访花朵，完成传粉。利用蜜蜂传粉时，0.5 hm^2 梨园需1500～2000头/箱。该法适用于授粉树配置合理而昆虫少的梨园。采用凹唇壁蜂、紫壁蜂和角额壁蜂进行传粉，进行授粉的效果更好，且不需要人工饲养。

（二）人工授粉

人工授粉的方法有点授、袋授、喷粉、鸡毛掸子、液体喷粉授粉。鸡毛掸子滚授法简单易行，适于授粉品种搭配合理的梨园，最好能在2～3 d内滚授2次。点授、袋授和喷粉均需在花含苞待放时，结合疏花采集花朵取粉。一般鲜花4000～5000朵/kg，可采纯净干花粉10 g，可供生产约5000 kg梨果花朵授粉。花药应在阴凉、干燥、不透光的条件下保存。为节省花粉，在花粉内可加入2～4倍滑石粉或淀粉做填充剂，过3～4次细筛，除去杂质，使其充分混合，然后分装小瓶，备用。袋授加入填充剂50倍，机械喷粉的可加入50～250倍。液体喷粉配方为水10 kg、白糖0.5 kg、硼

砂 10 g、花粉 20 g，配好后应在 2 h 内喷完。

花粉人工点授工具可选用毛笔、软鸡毛、带橡皮的铅笔等。点授时，蘸取少量花粉，在花的柱头轻轻一点即可，每蘸 1 次花粉可点授花朵 5 ~ 7 个。点授时期与坐果率有直接关系。一般情况下，是在初花期突击采花粉，盛花初期（单株开花 25%）便转入大面积点授，争取在 3 ~ 4 d 内完成授粉工作，第 5 至第 6 d 进行扫尾，点授晚开的花朵。点授花朵数量应根据每株树开花的多少而决定。一般树上开花枝占 30% ~ 40% 时，点授花朵 1 ~ 2 个/花序，即可满足丰产需要；花量少的树，可点授 2 ~ 3 朵/花序；花量大的树（50% ~ 60%），每隔 15 ~ 20 cm 点授 1 个花序，点授 1 ~ 2 朵/花序。

（三）花期喷硼和赤霉素

盛花初期喷布 0.3% 的硼砂或硼酸，赤霉素（GA_3）50 mg/L 或蓓达叶—中微量元素—钙镁硼等，对促进受精和提高坐果率均有良好作用。

（四）高接授粉树

对授粉树配置不合理和缺少授粉树的梨园，应按授粉树配置比例高接授粉品种。高接时，每株树上选上部 1 ~ 2 枝进行高接授粉品种，或在全园均匀选几棵树或选几行树全部高接。前者效果较好，后者便于管理。

（五）插花枝

梨树上插花枝是一种临时性措施，可在开花初期剪取授粉品种的花枝，插在水罐或广口瓶中，挂在需要授粉的树上。如果开花期天气晴朗，蜜蜂、壁蜂等传粉昆虫较多，一般有较好的授粉效果。挂花枝罐应经常调换位置，有利于全树坐果均匀。为经济利用花粉，可把剪来的花枝，先绑在长约 3 m 竹竿的顶端，高举花枝，伸到树膛内或树冠上，并轻轻敲打竹竿，将花粉振落飞散，进行授粉；然后再插入水罐内，挂在树上。该法由于每年剪取花枝，影响授粉树生长，因此，不适宜大面积采用。

三、疏花疏果

（一）合理负载量确定

确定合理负载量受品种、树龄、树势、栽培密度、枝叶量、树冠大小、气候条件及当年管理情况等多种因素影响。适宜的负载量应满足 3 个条件：一是保证当年对果实品质、产量和经济效益的要求；二是保证当年能形成足够数量的饱满花芽；三是保证当年树体健壮，并有较高的贮藏营养水平。目前，生产上广泛采用果间距法，即根据果型大小使果实之间间隔一定距离的方法。该法简单易行、容易掌握，效果明显。一般大果型品种果间距 25～30 cm，中型果果间距 20～25 cm，小果型品种果间距 15～20 cm。

（二）疏花

当梨树的花枝超过总枝量的 50% 时，可在花期采用疏花技术，疏花后留下的花枝占总枝量的 30%～40%。疏花时，叶片未展开或展开不多，与疏果相比，操作方便，效率高，效果也较好。但疏花技术只能在具有良好授粉条件的梨园和花期气候稳定的地区应用；花期常有晚霜、阴雨、低温和大风的地区，易造成授粉不良，不宜使用。

1. 疏花时期

疏花时期从花蕾分离期至落花前进行，且越早越好。花期仅十几天，时间较短，因此，应组织好劳力集中突击。

2. 疏花方法

当花蕾分离能与果台枝分开时，按留果标准，每果留 1 个花序，将其余过密花序疏掉，保留果台。疏花果枝，应将 1 个花序上的花朵全部疏除，此时发出的果台枝，在营养条件较好情况下，当年就可形成花芽。疏花时用手轻轻掰掉花蕾，不要将果台芽一同掰掉。应先疏掉衰弱和病虫危害的花序及坐果部位不合理的花序。疏花应本着弱枝少留、壮枝多留、内膛外围少留、树冠中部多留的原则，使花序均匀分布于全树。留下花序，每基部留 1～2 朵花，其余的疏去。

（三）疏果

1. 疏果时期

为保证适宜坐果，一般在盛花后4周开始疏果，即落果高峰过后、花芽分化开始前进行。对坐果率高、落果极少品种，可在盛花后2周进行。当幼果能够分出大小、歪正、优劣时，疏果越早，效果越好。在生产实践上应考虑到品种的自然坐果率（自然坐果率高的品种早疏果，自然坐果率低的品种晚进行）、品种成熟期（早熟品种早进行，中晚熟品种可适当推迟）、气候条件、配套技术（如套袋）等。

2. 疏果方法

疏果方法根据留果量的多少，分1～3次进行。将病虫果、畸形果、小果、圆形果疏除，将大果、长形果、端正果留下。疏果时，用剪刀在果柄处剪掉即可；最终保留合适的树体负载量，使保留在树上的幼果合理分布。一般纵径长的幼果细胞数量较多，有形成大果基础，应留纵径长的果，疏掉纵径短的果。通常，在一个花序上，自下而上留第2至第4序位的果实，留果1个/花序，若花芽量不足可留双果。

为减少结果果台比例，使多余花芽变成空果台，以利于在空果台的果台枝上再形成花芽，疏果时要尽量将1个花序上的幼果全部疏掉。在保证合理负载基础上，应遵循壮枝多留果，弱枝少留果；临时枝多留果，永久枝少留果；直立枝多留果，下垂枝少留果；树冠上部、外围多留果；树冠下层、内膛少留果的原则。

四、植物生长调节剂保果

（一）单一生长调节剂保果

红梨普遍存在采前落果现象。张传来等研究了‘红酥脆梨’‘满天红梨’‘美人酥梨’在采果前1个（8月19日）月喷施二氯苯氧乙酸（2，4－D）、赤霉素（GA_3）和萘乙酸（NAA）对其采前落果的影响，结果均表明10～30 mg/L 2，4－D、50～200 mg/L GA_3 和10～40 mg/L NAA对防止3个红梨品种采前落果均具有极显著作用。在不同浓度处理中，2，4－D和NAA均以20 mg/L的处理浓度效果最好。其中，‘红酥脆梨’坐果率分别较对照喷清水提高了14.4个百分点和18.9个百分点；‘满天红梨’坐果率较对照提高了13.7个百分点和16.8个百分点，‘美人酥梨’坐果率分别较对照提高了17.2个和20.1个百分点；$GA_3$3个红梨品种均以100 mg/L处理效果最好。其中，‘红酥脆梨’坐果率较对照提高了17.0个百分点，‘满天红梨’坐果率较对照提高了14.8个百分点，‘美人酥梨’坐果率较对照提高了18.2个百分点。但3个红梨品种间2，4-D、GA_3和NAA在提高坐果率方面存在一定差异，NAA提高红梨坐果率最高，2，4-D提高坐果率最低。但在生产上，GA_3来源方便，易购买，可在生产上推广应用。对‘红香酥梨’7月下旬喷施1次15 mg/L GA_3，8月下旬至9月上旬喷施1次15 mg/L CEPA（乙烯利），同样可防止采前落果。

（二）混合生长调节剂保果

王尚堃等发明了一种提高果树坐果率的方法，就是在沙壤土（或其他土壤如黏土等）上，果树进入盛果期后，选择果树生长势比较均一的地点，划分为7个大区，将其中1个大区划分为5个小区，其他每个大区均划分为4个小区，共计29个小区，其中每个小区有1个单株；以当天开放的花为处理花，每个小区处理40朵花；采用7因素4水平正交旋转回归设计，将各因素进行编码，按旋转组合编号进行排列，制定出旋转组合的试验设计；7因素包括2，4-二氯苯氧乙酸（2，4-D）、赤霉素（GA_3）、萘乙酸（NAA）、6-苄基腺膘呤或称细胞分裂素（6-BA）、多效唑（PP_{333}）、Spd（亚精胺）和单氰胺。其旋转组合的试验设计如表7-1所示，按照旋转组合的试验设计喷施相应的因素，30 d后调查坐果数，计算坐果率；对坐果率数据通过计算机建立数学模型，进行分析，得到提高果树坐果率的各因素施肥方法，按照各因素施肥方法进行施肥即可提高果树坐果率。

表7-1 旋转组合的试验设计

实验因素	编号	-2	-1	1	2
2，4-D	X_1	5 mg/L	7 mg/L	9 mg/L	12 mg/L
GA_3	X_2	20 mg/L	30 mg/L	50 mg/L	80 mg/L
NAA	X_3	10 mg/L	15 mg/L	20 mg/L	25 mg/L
6-BA	X_4	10 mg/L	20 mg/L	30 mg/L	40 mg/L

续表

实验因素	编号	-2	-1	1	2
PP_{333}	X_5	10 mg/L	20 mg/L	30 mg/L	40 mg/L
Spd	X_6	58.08 mg/L	87.12 mg/L	116.16 mg/L	145.20 mg/L
单氰胺	X_7	200 mg/L	220 mg/L	230 mg/L	250 mg/L

所采取的具体做法是：一是建立数学模型。对29个小区的坐果率进行统计，进行显著性检验，得 $F=3.121$，达到显著标准，建立坐果率对试验因子的响应回归方程：

$Y=28.121-3.154X_1+0.008X_2+1.012X_3+1.001X_4-3.457X_5+1.784X_6-0.145X_7+3.897X_1X_2-2.123X_1X_3+2.132X_1X_4-3.162X_1X_5-2.334X_1X_6+1.112X_1X_7-8.124X_2X_3+6.145X_2X_4+4.789X_2X_5-8.634X_2X_6-0.746X_2X_7-0.012X_3X_4+0.369X_3X_5+0.978X_3X_6-0.983X_3X_7+1.457X_4X_5+3.045X_4X_6-4.178X_4X_7-0.123X_5X_6-0.789X_5X_7+1.456X_6X_7-2.465X_1^2-1.961X_2^2-1.456X_3^2+1.012X_4^2+0.956X_5^2-2.457X_6^2-0.665X_7^2$，其中 Y 表示坐果率。二是模型优化。采用降维法固定（$p-1$）个因子为零水平，获得某个因子与目标表现关系的数学模型，考察该因子取不同水平时目标表现的变化规律；数学模型中各偏回归平方和的大小反映了该变异来源对试验结果影响的大小，而偏向回归系数的符号则表示该项变异来源对试验结果影响的性质是正效应还是负效应；为寻求激素提高果树开花最佳坐果率，充分利用模型中蕴藏的信息，有效预测和提高坐果率，就坐果率函数模型讨论模型的最优解；采用模拟试验的方法，对花朵坐果率目标函数中7个因素在 -2 ~ 2之间4个水平码值的组合数进行计算机模拟试验，通过计算机筛选取优。三是频数分析。采用频数分析法进行分析；在搞好基础管理的基础上，得到7个因素的使用浓度为：2，4-D是5 ~ 7 mg/L；GA_3 是35 ~ 45 mg/L；NAA是21 ~ 22 mg/L；6-BA是30 ~ 33 mg/L；PP_{333}是13 ~ 15 mg/L；Spd是90 ~ 110 mg/L；单氰胺是220 ~ 225 mg/L。四是单因素效应分析。进行无量纲线性编码代换，采用偏回归系数大小判明因素对坐果率影响的重要程度，直接评定结果。结合采用“降维法”导出偏回归解析子模式，求出所做的第1组单因素试验所得的理论坐果率和“增高速率”，最后根据坐果率的变幅值综合评定各因素对坐果率的影响程度。将3个自变量固定取零水平，研究另一自变量水平变动时对坐果率的影响，依此类推，求出4个子模式，并用一元二次函数求极值的方法得出函数曲线的驻点。五是二因素互作效应分析：试验中4个自变量共有8种两两之间交互的组合，仅对坐果率相对较高的互作项分析。对于二元问题，同样采用降维法，固定3个因子水平的零水平，得出另外2个因子的解析子模式。六是三因素互作效应分析；试验中5个自变量共有15种三三之间交互的组合，现仅坐果率相对较高的互作项进行分析。具体操作与二因素互作效应相同。七是通过计算机模拟仿真筛选出提高果树坐果率的综合决策方案，得到提高果树坐果率的各因素施肥方法是：2，4－D、GA_3、PP_{333}的浓度水平较低，为10～40 mg/L时，NAA、6－BA、Spd、单氰胺的浓度在一定范围内（100～220 mg/L）越高则果树坐果率能从0提高到50%；2，4－D、GA_3、NAA的浓度水平较低时，PP_{333}、6－BA、Spd、单氰胺的浓度在一定范围内越高则果树坐果率能从0提高到30%。

五、果实套袋

果实套袋可防止病虫危害果实，改善果实外观品质，减少石细胞数量，降低果实中农药残留。红梨‘美人酥’‘红酥脆’为防果锈，需套2次袋：第1次套单层蜡纸小袋，第2次套双层或3层纸袋。小蜡袋多为单层，规格为73 mm×106 mm；纸袋有单层、双层和3层之分。生产高档红梨果宜采用外黄内浅黄的纸袋。小蜡袋黏合处密封要好，纸袋缝合处针脚要小且密，不透光，以免药液接触果面或在果面上形成花斑。纸袋抗水性差，内层纸袋对果面刺激性大的不宜使用，否则，易使果面产生果绣。纸袋两侧的扎丝强度应适宜，过强易损伤果柄，太弱绑扎不牢，易进水、进药，造成果面产生水锈、药锈。

（一）套袋时期

套袋一般在落花后20～35 d进行，在疏果后越早越好。由于果点形成期在落花后15 d即开始，如套袋过晚，果点已经形成，则套袋防锈及使果点浅小的效果就会降低。果实套袋较晚，如在落花后45～60 d才套袋，此时虽较不套袋果实果面洁净，但果点较大且深。晚套袋虽有一定作用，但不能收到最佳效果。为了充分发挥套袋最佳效果，一定要适时套袋。一天内套袋时间，以8：00—12：00，15：00—17：00为宜。在晨露未干、傍晚返潮

和中午高温、阳光最强时不宜套袋；在雨天雾天也不宜套袋。

（二）套袋前管理

套袋前疏除过多的幼果，喷布 2～3 次杀菌剂和杀虫剂，尤其是套前 1～3 d 要细致喷 1 次药。通常用 70% 的甲基托布津可湿性粉剂［或 800 倍大生 M-45 或 600～800 倍（高温期要增加水量）液的 50% 的多菌灵］+5% 的阿维菌素乳油 4000 倍液。如果喷药 7 d 后，套袋工作仍未完成，对未套袋树再补喷 1 次药。

（三）套袋方法

在全树彻底疏果、喷药的基础上，按照树冠上、冠内、冠下、冠外的顺序进行套袋。为使纸袋变得柔韧，便于使用；同时，为了防止害虫进袋，在前一天晚上用 500 倍甲基托布津和 1000 倍毒死蜱浸袋口 2～3 s 即可。套袋时，先撑开袋口，托起袋底，使两底角的通气和放水口张开，使袋体膨起。然后手握袋口下 2～3 cm 处，套上果实，从中间向两侧依次按“折扇”方式折叠袋口，从袋口上方连接点处将捆扎丝反转 90°，沿袋口旋转 1 周扎紧袋口，并将果柄封在中间，使袋口缠绕在果柄上。套袋时应注意 5 个方面：一是切不可将捆扎丝拉下。二是捆扎位置宜在袋口上沿下方 2. 5 cm 处。三是应使袋口尽量靠上，接近果台位置，果实在袋内悬空，防止袋体摩擦果面。四是扎袋口不宜太紧，避免伤害果柄；也不宜太松，以免害虫、病菌、雨水、农药进入果袋。五是切不可将叶片等杂物套入袋内。

（四）套袋后管理

在干旱或多雨年份，经常检查袋的通气孔，保证其通畅，以防止黑点病和日灼发生。每隔 10 d 左右，打开纸袋进行抽查。若发现有黑点、日灼等症状，应打开通气孔，或用剪刀在袋底部剪几个小口。6 月初开始，对树冠喷布 2 次氨基酸钙等钙肥，防止苦痘病发生。

（五）去袋

孙蕊等研究表明：‘满天红梨’从去袋到开始着色需 4～7 d，着色最佳时期在去袋后的 14～20 d。去袋过早，果面底色由去袋初期的淡绿色变为暗黄色，所着颜色亦由粉红或鲜红色变为暗红色，有的甚至褪色。过晚，着色期短，着色面积小，颜色浅且不鲜艳。其他红梨的果实在采收前20～25 d去袋。去袋应在10：00—16：00进行。去袋时先去外袋，后去内袋。摘除外袋时一手托住果实，一手解袋口扎丝。然后从上到下撕掉外袋。外袋除后5～7 d再去内袋。

六、促进红梨果实着色技术

（一）摘叶、转果

采果前6周，结合去袋摘除果实周围的折光叶和贴果叶。但一次摘叶不能过多，应分批摘除，以免引起日灼。果实向阳面着色后，进行分次转果，促使整个果面全面着色。转果时动作要轻柔，1次转果角度不宜太大，以免造成落果。

（二）树下铺反光膜

红梨果着色期在树冠下铺设银色反光膜，增加树体受光量，可明显促进树冠内膛和下部果实着色。铺膜前疏除过密枝和过低枝，平整土地，铺膜后经常保持膜面干净，维持其较强的反光能力，提高果实的着色效果。

（三）喷布增色剂

采果前30～40 d，喷布稀土500 mg/L 1～2次，以利于果实着色，喷布1～2次30～40 mg/L NAA，不仅可防止采前落果，而且可增大果实着色面积。采果前40 d内，每隔10 d喷1次1500～2000倍液的增红剂1号，可明显增加果实含糖量，促使梨果提前着色，提高着色指数。

（四）采后喷水增色

红梨果实采果后，选背阴通风处，在地面上铺10～20 cm厚的湿细沙，将果实的果柄向下摆放在湿沙上，果与果之间留有空隙，每天早、晚对果实喷布清水，处理20 d后可明显促进果实着色。

思考题

1. 如何预防红梨晚霜危害？
2. 如何防止红梨采前落果？怎样促进红梨果实着色？

第八章　红梨整形修剪技术

一、生长结果特性及修剪特点

梨树树体高大，极性强，角度小，萌芽力高，成枝力低，干性强，层性明显。树冠稀疏，透光好。短枝比例大，易早结果，新梢停止生长早，顶芽、侧芽发育充实饱满。潜伏芽寿命长，生命力强，耐更新。这些生长结果特性是梨树整形修剪的主要依据。

（一）乔冠与控冠

梨树大多数品种是高大的乔冠树体。树冠过高过大，修剪、打药、疏果、收果等树上管理十分不便；费工、费力、效率低，管理上不去，难得高产优质商品果实。冠高径大不透阳光，冠内缺光无效冠区大，仅树顶和外围表面结果。因此，结果前扩冠，结果后控冠，是梨树整形修剪的重要特点之一。特别是密植梨树，控冠特别重要，密度越大，越要早控冠。控制不及时、不得当，会造成全园郁闭，不但产量、质量迅速下降，甚至造成密植的失败。因此，应根据栽植密度选择冠形。红梨规模化优质丰产栽培，应选用小冠形树形如小冠疏层形、单层高位开心形、圆柱形、细长圆柱形、自由纺锤形、棚架扇形。此外，还要按株行距允许的范围进行控冠。一般树高要小于行距，行间不能封死，要有 1.5 ~ 2.0 m 宽的光道，株间可有 10% ~ 20% 的交接。超高要落头，超宽要回缩。用放放缩缩的修剪法把树冠控制在应占的范围内。早期采用促花早果措施，以果压冠。

（二）极性强与开张角度

红梨多数品种极性很强，分枝角度小，枝条直立生长，位置处于高处。但也存在生长势强，枝条开张的品种。极性也叫顶端优势，即 1 棵树或 1 个枝，处于顶端（最高点）的枝或芽，生长势最强，往下依次递减。极性强

弱与枝、芽角度及所处位置有关。角度小则直立，直立则处于高点，高则极性强。

极性在修剪中有利弊双重作用。有利方面表现为，在幼树期，可利用极性促进快长树，快扩冠、快成形。通过加大主枝角度使树冠向横向扩展，以便占领更大空间，争夺更多光能，为早产、丰产打下基础。衰弱树或枝，可抬高角度，在高位点的向上枝芽处缩截，促其更新复壮，延长结果寿命。不利方面表现为，极性过强易造成中心干和主枝、主枝和侧枝间生长势差异太大。产生干强主弱、主强侧弱、上强下弱、前强后弱等弊病。这些只利于长树，不利于结果。解决这些问题的方法是采取转移极性的修剪方法，如变角、变位、变高、变向、分散等修剪手法（图 8–1）。

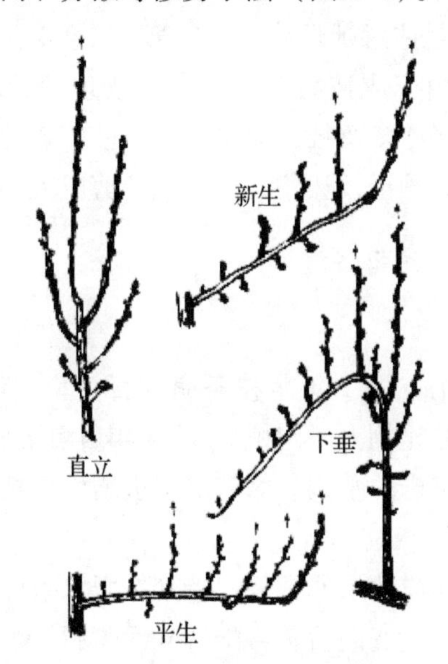

图 8–1　顶端直立优势和优势转移示意

1. 防止和克服中心干过粗过强、上强下弱

防止和克服中心干过粗过强、上强下弱可多留下层主枝及把门侧枝和层下空间辅养枝，使中心干处于多枝轮生，截留水分和养分。同时，对中心干上部的强盛枝及时疏缩，抑上促下。或者采取中心干多曲上升树形，超高时落头开心，把势力压到下部枝上。

2. 克服主强侧弱和主枝前强后弱

克服主强侧弱和主枝前强后弱的主要办法是加大主枝角度，降低枝头高度，用弱枝、弱芽、外枝、外芽当头。开张从幼树 1～2 年生枝龄做起，用拉、弯、别、剥、压、坠枝等方法变位变角。枝龄大、粗硬时，用棍支撑，有条件的转主换头用外生枝做头。

（三）成枝力低与骨干枝选留

成枝力就是 1 年生枝萌发长枝（枝条长度大于 30 cm）的能力。发长枝多为成枝力强，少为弱。红梨多数品种成枝力弱，一般只发长枝 1～2 个，个别发 3 个。针对这种特性，在整形修剪中要做到 3 个方面：一是成枝力低，树冠稀疏，主侧枝可适当多留，为促进多发枝，可在整形期于中心干需发枝的芽上方 0.3～0.5 cm 处，刻深为枝条粗度的 1/10～1/7，长度为枝条周长的 1/3～1/2。二是注意延长枝头剪口第 3、第 4 芽，留在两侧，同时刻芽，促发侧枝。三是由于成枝力低，加大主枝角度后，树冠宽松空荡。因此，梨树整形原则是轻剪多留枝，要多留辅养枝和各类小枝。前 4 年基本不疏枝。结果以后渐渐为骨干枝让路，疏去或疏剪成大小枝组。

（四）萌芽力高与长留长放

1. 萌芽率高

萌芽力也叫萌发力，即 1 年生枝条萌芽百分率。红梨多数品种萌芽力高，但成枝力低，短枝比例大，定植后 3～4 年就可形成相当多的短枝花芽，这是梨树能早结果早丰产的基础。修剪应促进增生短枝，提高结果。

2. 长放长留

梨树枝条对长放反应效果非常好。特别在肥水条件好或把直立强旺经过弯枝，拉、坠、剥、压、变向后，再配合叶面喷肥，很容易成花。在轻剪多留枝原则下，长放长留、先放后缩或先放后截，是梨树培养结果枝组的重要方法。由于梨树成枝力低，常常呈单轴延伸，后部是成串短果枝结果。连放几年结果后，易造成早衰和结果部位迅速外移，甚至披散下垂。因此，长放到一定长度和年限时，要及时回缩复壮。

（五）短果枝群结果与枝组年轻化

成年梨树 80%～90% 的果实是在短果枝和短果枝群结的。做好短果枝和短果枝群的细致修剪，是梨树修剪的重要特点之一。短果枝是由壮长枝条缓放后，当年或第 2 年形成的一长串短枝花芽而来的；或由长、中果枝顶花芽

结果后，下部形成短果枝。对这两类已具备短枝花芽的枝进行截缩修剪，只留后部2～3个花芽结果，即成为小型短果枝组。短果枝组上的果台枝或果台芽，再连续或隔1年成花结果，经3～5年即形成短果枝群。对于短果枝群，要疏去过多花芽、去前留后、去远留近，使之经常保持年轻化状态，做到树老枝不老，高产稳产。

（六）潜伏芽寿命长与更新复壮

潜伏芽寿命长，有利于梨树更新复壮。即使几十年甚至百年老树，在后部光秃无枝情况下进行重回缩，并配合地下肥水管理，仍可发出徒长枝，更新2～3年后又可形成新的树冠结果，这对弱枝弱树更新复壮很有利。

二、修剪的基本方法及运用

梨树修剪按照时期可分为冬剪和夏剪两大类。冬剪即落叶后至萌芽前休眠期的修剪。夏剪实际上包括春剪、夏剪和秋剪，就是生长季节带叶期的修剪。修剪时期不同，方法和作用也不同。冬、夏修剪相互不可代替，但有互补作用。生产上采用冬夏剪相结合，各有侧重，取长补短，比只用单一剪法效果好。

梨树冬剪目的：一是整形，调节或维持树形骨架结构，培养各级骨干枝，扩大树冠体积。二是培养安排各类结果枝组，维持其合理状态和更新复壮。三是疏除害枝，回缩过长、过弱、过高的枝，使树冠在株行距限定的范围内，正常地生长结果。夏剪是针对某种单一目的，进行促或控。如为提高坐果率，进行花前堵花复剪，或盛花期环剥；为削弱旺树势力，进行发芽后晚剪或2次剪；为促花在5—6月环剥、环割等；为促进秋季叶片光合作用，进行秋季拉枝和疏除旺枝、打开光路等。梨树冬剪和夏剪可概括为“冬剪长树，夏剪结果”。

（一）冬季修剪方法与运用

冬季修剪简称冬剪，所使用的基本方法只有4种，即短截、回缩、疏枝和甩放。每种剪法对树的整体和局部枝条的生长和结果，都产生不同的影响，而且这种影响都是有规律的。只有掌握每种修剪方法和剪后作用效果，特别是修剪对局部枝的作用规律，并能正确运用这些规律，才能使修剪达到预想的效果。

1. 短截

短截是剪去1年生枝条的一部分，留下一部分的剪法；只在1年生枝条上应用。按照剪去枝条的长短，可将短截分为轻、中、种3种。轻截是轻轻截去枝上一小段；中截就是在枝条中部饱满芽附近剪截；重截就是剪去枝条饱满芽，留下秕芽的修剪方法。随着修剪的加细，又分为“戴帽”和“留橛”。戴帽也叫打盲节，就是在春或秋交界或2年生交界的秕芽处剪截。留橛也叫极重短截，即几乎把全枝剪掉，只留基部有皱纹的瞎芽部位。

短截最主要的作用是对被截的枝子剪口下芽子有刺激萌发和抽生长枝的促长作用。产生这种刺激作用的生理原因有2个：一是芽的异质性。在1年生枝条上处在不同部位的芽子质量（饱满程度）是不同的。枝条中部的芽子最饱满，所以在饱满芽处进行中短截，能发出较好的壮长枝；枝条下部、基部芽子最瞎秕，在枝下部秕芽处重截或极重截发枝最弱。枝条上端多为半饱满芽获秋梢芽，在该处轻截后，发枝中等，不过长或过弱。二是顶端优势，也叫极性，就是处于高处的枝或芽比低处的枝芽能优先得到较多水分，生长势强旺。短截后剪口芽处于留下这段枝条的顶端，因此，剪口下第一芽最优势，能发出长枝；其次是剪口下第二芽，往下依次递减。

短截是将枝条截去一段，使养分集中给留下的少数芽子，这也是对剪口下芽起刺激作用的原因。其刺激作用的大小，看短截后剪口下芽发壮长枝的多少与长度及下部芽子萌发率高低。

短截的具体的运用，体现在3个方面：一是中短截发长枝最多最强，其下部还能萌发数量较多的中枝、短枝。所以，为促进生长，扩大树冠，在整形期间对中心干枝头和主侧枝头进行中短截。二是轻短截及戴帽，发枝中等，不过长，发出中短枝多而壮，利于成花。为缓和树势、枝势，增加中短枝比例，促进多成花时，对辅养枝和结果枝组可多用轻短截或戴帽等缓势剪法。三是重短截后只发1～2个较弱的中枝。为控制强条生长或培养短壮小结果枝组，如竞争枝、背上直立枝，在有空间想要培养枝组时，可行重短截或极重短截。若再发强条，下年去强留弱，去直留平斜，控制长势，或留橛上橛。

2. 缩剪

缩剪也叫回缩，就是对长放多年的过长枝、交叉枝，结果多年的过弱枝、下垂枝等，在多年生的适当部位（2年或几年生处）剪去或锯除一部

分，留下一部分。缩剪是在多年生枝上使用的一种剪法。缩剪是对多年生枝，而短截是对 1 年生枝。

缩剪对全树和本枝有减少生长量的作用，而对剪锯口以下留的分枝，有局部促进生长的作用，其作用大小程度与回缩轻重、去枝伤口大小有关。回缩越重，去枝伤口越大，刺激作用越明显。特别是伤口下第 2 个分枝比靠近伤口的第 1 个分枝作用明显，在伤口较大的情况下更为突出。

缩剪在梨树上常用于 7 个方面：一是对老树及长弱枝组更新复壮；二是串花枝的堵花修剪，提高坐果率，增大果个；三是枝头直立主枝转主换头，加大角度和改变伸展方向；四是中心干枝头的落头；五是辅养枝的控制改造，由大变小，由强变弱，由长变短，改造成果枝组；六是交叉重叠枝关系的调整归位；七是超过高度、宽度的树冠控制，调节光照和树势等。这些进入结果期出现的问题，可用缩剪法来解决，但采用缩剪法要注意程度适当。因缩剪法具有双重作用，实际运用中往往强调了局部的正作用而忽视了对整体的副作用。要根据具体情况决定回缩程度的轻重。刚进入结果期的树，回缩枝组不要全部堵缩，不给出路，以免造成返旺，破坏了树势稳定。要有缩有放，分年分次进行。对老树弱枝更新时应加重回缩程度，但要配合地下肥水。

3. 疏枝

疏枝就是把部分 1 年生或多年生枝从基部剪（或锯）掉的剪法。疏枝具有双重作用，一是疏掉一些枝叶和造成伤口，对全树或母枝有削弱或缓势的作用。其削弱和缓势程度与疏去的枝叶量、去枝大小、强弱、伤口大小呈正比。即去枝子越大、越强、量越多，对全树和母枝的削弱和缓势作用越明显；反之则小。疏枝过量过急，易打破地上、地下平衡关系，造成返旺徒长。二是对局部有抑前促后作用。疏枝后，对伤口上部，特别是同侧的枝子有削弱作用即抑前。伤口越大，越靠近伤口的削弱作用越明显。而对伤口以下的分枝（同侧）有助长作用（促后），伤口越大，越靠近伤口的分枝，促长作用越明显。伤口下部常促发出徒长枝。离伤口远处的分枝，抑和促的作用均逐渐减少。

疏枝对象是过密过挤辅养枝、串膛的徒长枝、直立枝与骨干枝头势均力敌的竞争枝、拖地歇荫的寄生枝、纤细的无效枝、病虫枝等，可改善光照，减少养分消耗，使旺树转化成中等树，对促进多成花和平衡枝与枝间的势力起到良好作用。疏枝要防止过急，掌握适量、适度、适时，正确运用。

4. 甩放

甩放又叫放条、长放、缓放，就是对 1 年生枝条不剪截。不剪并不是对全树的枝条都不剪，而是指某一部分枝条不剪。甩放的单枝，由于没有受到剪截的刺激，是用顶芽延伸的，因此延伸能力弱，不易发强枝，发短枝量最多，增加了全树中短枝比例。停止生长早，养分积累多，成花多。尤其对萌芽力高的品种，甩放促花效果十分明显。

甩放枝条有选择，而且不同枝条有不同做法。在有空间情况下，对中等斜生、水平、下垂枝进行甩放，很容易放出短枝和花芽。对直立、强旺枝甚至竞争枝，甩放培养结果枝组时，必须弯倒、压平，或配合扭、拿、伤、环等夏季手术，才能收到效果。否则，任其直立甩放，就会长成“枝上枝”“树上树”，从而破坏树冠枝间关系和树形。

幼旺树多用甩放，可缓和树势，增加早期枝叶量，加粗快，成花多，是快长树、早结果的重要修剪措施。大年树易多甩放，能多形成花芽，下年结果多，使小年不小。但弱树和小年树不易多甩放。甩放与回缩要配合使用，在 1 年中每棵树每个大枝上，要有放有缩。甩放几年后，枝子过长过弱了，就要及时缩回来归位，更新复壮。出了新枝后再次甩放。放与缩不可分开。

（二）夏季修剪方法与运用

夏季修剪简称夏剪，包含春、夏、秋剪。广义的夏剪，除用剪子、锯外，还包括刀割、绳拉、棍撑、手拿、伤、坠、别、压各种方法。夏剪的特点是：一是有明确的目的性；二是有专一的针对性；三是有严格的时间性；四是有技巧性。

夏剪方法可归纳为伤、变两类。伤包括环割、环剥、目伤、多道刻芽、绞缢、大扒皮、倒贴皮、异皮接、折枝、摘心、抹芽、晚春剪、秋剪、扭梢、拧枝、拿枝、“连三锯”开角等，都是在干、枝、皮、芽上造成不同方式的伤害，暂时阻碍养分的输导，促进枝芽局部养分积累，以达到控长、增枝、促花或提高坐果率的目的。变包括拉枝、撑枝、别枝、压枝、“挑扁担”、坠枝、圈枝、反弓背弯枝等。这一类做法基本不伤枝，只改变枝子原来的自然生长姿态，多用于旺、立、直、大的枝子及方向、位置不当、角度小的枝子上。利用极性转位的原理，使其按照整形的要求，改变角度、方向、方位，造成合理的树体结构，达到透光、缓势、增枝、促花、坐果的目的。

1. 拉枝、拿枝

拉枝就是在生长季，用麻袋线绳（不要撕裂膜绳），把 1 ~ 2 年生壮长枝条，按树形和树冠结构的合理方向、方位、角度，向四面八方插空拉开。主枝角度 70°左右，辅养枝 80°以下，越是粗的强大的临时枝，角度越应大些。时间虽无限制，但 7—8 月最好。该期拉枝后，背上不冒条，枝条软不易折断，又可利用叶子的重量易于开张角度。

拉枝要注意 5 个方面：一是绑绳不能过紧，防止当年加粗生长后夹进枝内。二是拉枝必须从幼树做起，主要用于 1 ~ 4 年生幼树整形期的 1 ~ 2 年生枝。枝条粗大后，角度拉不开，绳易断，枝易折，费工费力。整形期把主要枝子方位角度固定后，以后就无大问题。三是枝子基角小于 30°或上部最后 2 个对生大枝，用反弓弯拉枝法即向相反方向拉，不易劈裂，又稳势结果。四是拉枝要从基部张开角度，不能基角不变，在枝子腰部拉成大弯弓形。五是最好在拉枝前先进行拿枝软化，即从枝子开角的着力点部位，用手把枝拿软，可听到响声，伤筋动骨不伤皮，然后再拉，以减少绳的撑拉力，不易断。要拉成多大角度，变换什么方位都易办到。拉枝与拿枝配合使用，是幼树整形修剪的重要措施。

2. 环割、环剥

环割、环剥只适合在生长过旺、不结果的树或枝上使用，弱树弱枝上不用。环剥就是在枝或干上某个部位，用钝刀割透树皮两道，深至木质部，切透皮而不伤木质部，剥去两刀之间树皮的一项措施。剥口宽度为枝干直径的 1/10。环剥时期依目的而定。提高坐果率，可在盛花期环剥；为促进成花，可在花芽分化前（华北 5 月下旬至 6 月上旬）环剥；为兼顾两者的效果，可在落花当日至 5 d 内环剥完。

环剥应注意 3 个方面：一是环剥刀口去皮要利落，不能用手涂抹剥口的黏液（形成层细胞）。剥皮后用纸或塑料保护不晒干。二是剥口在 20 d 内不抹波尔多液、福美砷等杀菌药。三是视枝干粗度和长势决定环剥宽度和次数，一般剥口 25 ~ 30 d 愈合。如果一次仍控制不住旺长，可在 1 个月后剥或割第 2 次。环割部位和时间与环剥相似，但只割透树皮，而不剥皮。割后 20 d 后即可愈合，一般割 1 次达不到效果，可割 2 ~ 3 次。但要 1 次 1 道，不可 2 ~ 3 道同时进行，特别是在主干上，1 次多道易出毛病。环剥和环割是对梨树促花的最可靠措施。

3. 春抹芽，秋疏枝

对拉枝后背上突起处冒出直立枝、“骑马枝”及锯口处长出徒长枝，长势很猛，不但耗去大量养分，使被拉得母枝长不好，又扰乱树形。因此，在萌芽初期刚冒出小红芽时，及时抹除，1 周内绕树巡视 3 ~4 次，及时除萌。以后随时检查漏掉的和后发的徒长枝，对旺树秋季要认真疏除遗漏徒长枝。抹芽、疏枝不要背上一律疏除，在有空间的缺枝部位，或要求培养预备枝更新的部位，有计划地留 1 ~2 个，但要在 7 月按要求伸展的方向，把它拉倒、压平。尤其对成枝力低的红梨品种，要留心选留。

4. 目伤、多道刻芽

红梨多数品种成枝力弱，栽植当年定干后很少能发出 3 ~5 个长枝，一般只发 2 ~3 个，不够整形需要的下层枝数目。在定干后，对剪口下 3 ~5 芽。在芽上方用剪刃目伤二道，促发长枝，作为下层主枝用。

在幼树整形期，对发枝少和长放后易出现光杆枝品种和粗壮枝条（粗 1 cm 以上，长 70 cm 以上），于萌芽前做多道刻芽，每 15 cm 刻割 1 道，深至木质部，可促发大量中短枝，当年成花。工具可用裁衣的剪子，也可用废钢锯条。

冬夏剪修剪方法，在具体修剪 1 棵树时，要多种剪法配合交叉使用，即冬剪时疏、截、缩、放配合；夏剪时拉、拿、刻、环、抹配合，冬剪和夏剪配合，相对各有侧重。1 棵树或 1 个枝修剪后的作用，是多种剪法综合作用的效果。符合修剪目的的作用叫正作用；反之叫副作用。两种作用同时存在，有时正正相加，则正作用最明显；有时是负负相加，则副作用最明显。有时正负相减或相抵，则作用不明显。

修剪反应是决定修剪程度与方法的主要依据。不会判断和预测修剪的效果，就不能做出正确的修剪。常说的修剪水平就是能针对具体的树（枝）的具体情况，按预想目标，会采取对症的修剪方法和修剪程度。

观察不同修剪方法的修剪效果，不能仅从一枝一芽着眼，要注意整体和局部的辩证关系。如对全树整体轻剪缓放，而对局部枝条虽剪截较重，也不一定能促发旺枝；反之，如对整体采用多截重剪，而对局部枝条甩放，同样也收不到减缓树势的效果。一种剪法就局部（某一枝条）的效果，在一定条件下起主导作用，而其他修剪方法也有一定的影响。如采用环剥可促进成花，但在环剥前，若先行拉枝开角度，或环剥后配合叶面喷肥，改善剥口以上叶子的碳氮比，则环剥效果更好。当回缩 1 个多年生枝组时，目的是使其

复壮，但又从枝组中疏去了一些枝条，减弱了缩剪效果，则更新效果不明显。若在良好的地下肥水及树上保叶基础上进行的修剪，会得到加倍的效果。

三、梨栽培所用树形及整形过程

梨树根据栽植密度不同而选用不同树形，单株面积大于 24 m^2 的稀植园，采用主干疏层形，单株面积在 12～24 m^2 的中密度果园，采用小冠疏层形或开心形，但梨的开心形与苹果不同，梨的开心形无中干，由树干顶端分生 3～4 个主枝，每主枝呈 30°～35°延伸。这种树形冠内光照好，整形容易。单株面积小于 12 m^2 的高密度园，采用纺锤形，日韩梨多采用棚架“V”字形树形。适宜红梨规模化所用的树形有小冠疏层形、纺锤形、自由纺锤形、细长圆柱形和棚架扇形。

（一）小冠疏层形（图 8-2）

1. 树形结构参数

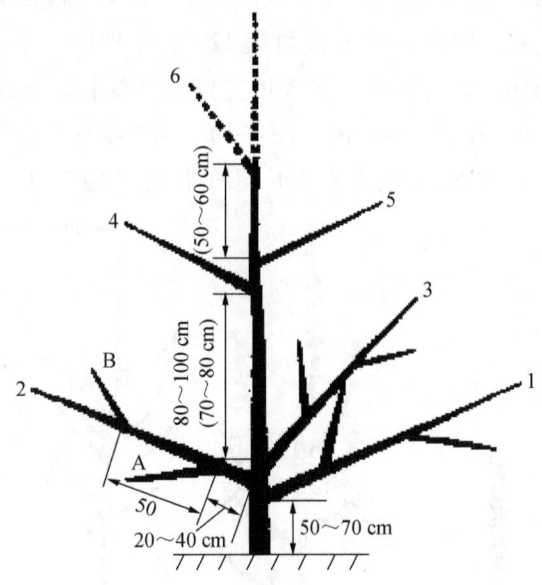

图 8-2　小冠疏层形树形结构

注：①1～6：主枝顺序；A～B：侧枝顺序。

②虚线及括号内数值为第 6 主枝时的模式

该树形成形后树高3.0～3.5 m，主干高50～60 cm，冠幅约2.5 m，全树5～6个主枝，分3层排列。第1层3个主枝，邻近或邻接分布，层内距10～20 cm，开张角度60°～80°，方位角120°，每个主枝上留2个侧枝，梅花形排布，第1侧枝距中心干20～40 cm，第2侧枝在第1侧枝的对面，与第1侧枝相距50 cm。第2层在第1层上方70～80 cm处，配置2个主枝。第3层在第2层上方50～60 cm，配置1个主枝。第2、第3层上不留侧枝，只留各类枝组。生产上为通风透光和便于操作，多数只留2层主枝，第1层3个，第2层2个，层间距80～100 cm，层内距20～30 cm。故该树形优点是架牢固，产量高，寿命长，透光性好；其缺点是梨树有效的结果体积较小。

2. 整形过程

定植后在距地面70～80 cm处定干，剪口下10～20 cm为整形带。萌芽前在整形带内选择方位合适的芽进行刻伤。萌芽后，及时抹除主干上近地面40 cm以下的萌芽，不够定干高度的苗剪到饱满芽处，下年定干。夏季选择位置居中，生长健壮的直立新梢做中心干延长枝。对竞争枝扭梢。同时培养方向、角度、长势合适的新梢，留做基部主枝。秋季主枝新梢拉枝，使开张角度达到60°左右，同时调整方位角达120°。冬剪时，中心干剪留80～90 cm，各主枝剪留40～50 cm，未选足主枝或中心干生长过弱时，中心干延长枝剪留30 cm，在第2年选出（图8-3）。第2年春季萌芽前，主枝上选位置合适的芽进行刻伤。萌芽后及生长期内继续抹除主干上近地面40 cm内

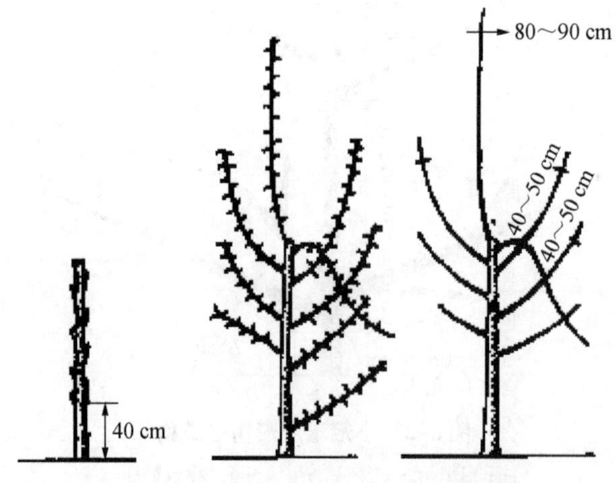

图8-3　小冠疏层形栽植当年的修剪

的萌芽、嫩梢，并抹除主枝基部背上萌芽，夏季采用扭梢、重摘心和疏剪方法，处理各骨干枝上竞争梢。秋季按要求拉开主枝角度，拉平 70～100 cm 长的辅养枝，年生长量不足 1 m 的主枝长放不拉。冬剪时，中心干延长枝剪留 50～60 cm，基层主枝头剪留 40～50 cm。按奇偶相间顺序选留侧枝。第 2 层主枝头在饱满芽处短截。在第 1 层至第 2 层主枝间配备几个辅养枝或大枝组（图 8-4）。第 3 至第 5 年夏剪时除按上年方法进行外，还要进行扭梢、摘心、环剥、环割等措施处理辅养枝，同时疏除密生枝、徒长枝。冬剪时，3 年生及 4 年生树的中心干和主、侧枝的延长头分别剪留 50～60 cm、40～50 cm、40 cm。选留第 3 层主枝和基层主枝上第 2 侧枝。辅养枝仍采取轻剪长放多留拉平剪法。5 年生树，树高达 3 m 以上，树冠大小以符合要求时，基层主枝不短截。继续培养第 2、第 3 层主枝，采用先放后缩法培养枝组（图 8-5）。

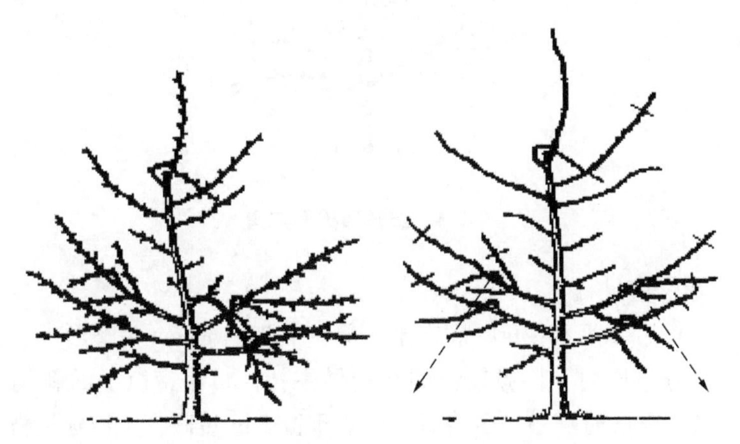

图 8-4　小冠疏层形栽后第 2 年的修剪

图 8-5　小冠疏层形栽后第 5 年的修剪

（二）纺锤形（图 8–6）

1. 树形结构参数

该树形成形后树高 2.5～2.8 m，主干高 50～70 cm，小主枝 10～15 个，围绕中心干螺旋式排列，小主枝间隔 20 cm，与中心干夹角 75°～85°，在小主枝上配置结果枝组。纺锤形修剪简单容易，幼树期修剪量小，投产早，适于密植。缺点是该树形骨架欠牢固，通风透光性稍差，植株寿命较短。

图 8–6 纺锤形树形结构

2. 整形修剪过程

苗木定植后，留 80～90 cm 定干，剪口下 20～30 cm 为整形带。在整形带内选 3 个分布均匀、长势较强的新梢做主枝，整形带以下的新梢全部疏除。主枝长 70 cm 时摘心。冬剪时，中心干留 1 m 短截，主枝延长枝轻短截或中截。定植后第 2 年生长季在中心干上继续选留主枝，主枝交错间隔 20 cm，其余新梢长 50 cm 时摘心，或拉枝开角至 75°～85°，同时疏除背上的直立枝和竞争枝。对较旺幼树主干或主枝环割 2～3 道，间距 10～15 cm，深达木质部。第 3 年生长季修剪方法与第 2 年相同。第 3 年冬剪时树形基本形成。第 4 年已进入结果期，应及时回缩衰弱的主枝，更新复壮枝组。进入盛果期后，有空间的内膛枝适度短截，并及时回缩衰弱的结果枝组。

（三）自由纺锤形（图 8–7）

1. 树形结构参数

该树形干高 60～70 cm，树高 3 m，冠幅 2.5～3.0 m，中心干上均匀分

布 10～15 个小主枝，不分层，插空均匀排列，开张角度 85°～90°，相临主枝间距 15～20 cm，同方向主枝间距 50 cm 以上，下部主枝长约 1.5 cm，越往上主枝越小。主枝上不留侧枝，直接着生中、小枝组，4～5 年成形，6 年后进入盛果期。

2. 整形过程

定植后至萌芽前在距地面 80～100 cm 处定干，整形带内有 8～10 个饱满芽。除第 1、第 2 芽外，对整形带内其他芽均进行刻伤或涂抹抽枝宝，保留整形带以下发出的芽。8 月底至 9 月初，对达到一定长度的主枝拉至 85°～90°，并使其分布均匀，辅养枝一律拉平。冬季对中心干延长枝留 50 cm 短截，剪口芽留在上年剪口芽对面。疏除影响主枝和无用的辅养枝，株、行间空间大，主枝轻剪，保持延长，无空间长放。第 2 年春季在中心干延长头上选 3 个方向分布均匀，上下错落着生的芽进行芽刻伤或涂抹抽枝宝，作为第 2 批主枝。对第 1 批主枝基部 10 cm 至梢部 15 cm 内的外侧芽、背下芽进行刻伤，6 月上、中旬基部环割。第 2 批主枝长到 85～90 cm 时拉枝至 85°，冬季中心干延长头留 50 cm 短截，剪口芽留上年剪口芽的对侧；疏除中心干上密生无用枝和第 1 批主枝上密生直立枝，水平枝长放或齐花缩剪；全部疏除距主干 20 cm 以内的强旺枝。第 3 年春季在中心干延长头上选 3 个方向分布均匀、上下错落着生的芽进行刻伤或抽枝宝，作为第 3 批主枝，在第 2 批主枝上进行刻芽，方法同前，疏除第 1 批主枝上过多花果。6 月上、中旬对第 2 批主枝进行基部环割或环剥，疏除中心干延长头竞争枝。8 月下旬对第 3 批长度达到 80 cm 的主枝将其角度拉至 80°。冬季将中心干延长头留 45 cm 短截，对第 1、第 2 主枝上大型分枝及旺长枝疏除或进行扭枝，对已成花枝或枝组，后部有花且有空间的可短截前面的营养枝和长果枝，无空间的去强留弱。用空间中庸枝中剪培养枝组，壮枝长放。第 4 年春季在中心干延长头上选 2 个能发出第 4 批主枝的芽进行刻伤，夏季控制其竞争枝。对第 3 批主枝侧芽、下芽刻伤，方法同前。疏除第 1、第 2 批主枝上多余的花芽，对第 3 批主枝用摘心、扭梢、重短截等方法控制其背上直立枝。5 月中旬进行主干倒贴皮促花。冬剪时中心干延长头轻剪或长放，疏除或拉平各级枝上直立旺长枝、密生枝，有空间的中、壮枝中剪，培养枝组，细致修剪各类结果枝组。第 5 年以后，生长季节疏花疏果，保持树体合理负载量。运用各种夏剪方法促进各类枝条成花结果，配合冬剪培养枝组。冬季逐步回缩结果后的弱枝、冗长枝，疏除各级骨干枝上密生枝、旺长枝，逐步回缩、疏除影响主枝生长结果的较大分枝。运用各种方法培养结果枝组，恢复其合理分布。

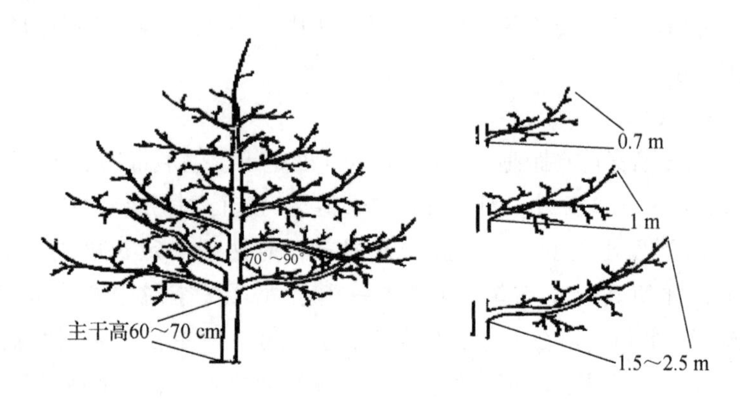

图 8–7　自由纺锤形树形结构

（四）细长圆柱形（图 8–8）

1. 树形结构参数

该树形成形后树高 3. 5 m，干高 60 ~ 80 cm，中心干 60 ~ 80 cm 以上每个芽处着生 1 个小型结果枝组，树形外观类似圆桶形。

2. 整形过程

整形修剪主要采用刻、拉、抹。定植后于 60 ~ 80 cm 处短截定干，保证剪口下有 1 ~ 2 个饱满芽。剪口下第 3、第 4、第 5 芽进行抹芽，促使当年剪口下发出 1 个强旺新枝，使之形成中心干。第 3 年春季发芽前，中心干60 ~ 80 cm 以上 1. 0 ~ 1. 2 m 范围内的所有芽用小钢锯在芽上 0. 5 cm 处锯一下，深达木质部，促使锯口下芽子萌发出小短枝，培养成结果枝组。随时注意抹去枝条背上萌发芽子，8 月底至 9 月初对生长直立枝条拉枝处理，以促进花芽分化。第 4、第 5 年春季萌芽前重复在中心干上刻芽，抹去枝条背上芽，进入秋季直立枝拉枝，冬季基本不修剪，保持树势中庸健壮。结果 3 ~ 4 年后，对中心干上过旺结果枝组去强留弱；对较细结果枝组去弱留强，保证中心干上结果枝组生长均衡。树体结果 6 ~ 8 年后冬季回缩或疏除过密交叉枝组。该种整形修剪技术，树形结构简单，无主、侧枝。修剪上前 5 年除定干外基本不动剪，以后只进行疏密、更新处理。由于修剪量小，每人每天可修剪 3 ~ 5（亩）梨园，在目前劳动力成本逐渐增大的情况下，采用窄株距、

宽行距定植，定植上当年或隔年就可结果，真正实现了“省工、省钱、早果、高产、高效”的目的。

图 8–8　进入生长期未结果梨树细长圆柱形

（五）棚架扇形（图 8–9）

1. 树形结构参数

成形后树高 2.5 m，主干高 60 ~ 70 cm，无中心干，主枝 4 ~ 6 个，呈扇形排列于棚架上，各主枝间距 20 cm 左右，主枝粗度为着生部位主干粗度的 1/2 左右。冠幅 4 m × 3 m，主枝上着生结果枝组 4 ~ 6 个。该树形便于培育高档次梨果。

2. 整形过程

定植当年于 1 m 处定干，萌芽后选留 4 ~ 8 个枝条培养。第 2 年选留 3 ~ 4 个作为主枝，每个主枝上选留 2 个结果侧枝，相互错开 20 cm 左右。在梨园上空距地面 1.8 ~ 2.0 m 高度处架设水平铁丝网，将枝条固定在铁丝网上，摆布均匀，轻短截各主枝，促发 1 级枝组，延伸骨架枝。根据树体情况，主要采用水平形、杯状形或开心形，将主枝倾斜延伸拉至棚架架面，然后将延长枝水平绑缚在棚面上，主枝数量以布满架面为宜。整个年生长周期中，芽萌动时，于缺枝部位在芽上 0.3 ~ 0.5 cm 刻芽，长度为枝干周长的 1/3 ~ 1/2，深度为枝干粗度的 1/10 ~ 1/7。注意抹去剪锯口处萌芽，旺枝背上芽，对跑单条新梢摘心。5—6 月重点解决光照问题，疏除背上枝、下垂枝，回缩延长枝头和长放营养枝；有位置的新梢及时摘心。6、7、8 月注意扭梢、拿枝，控制旺长。8 月下旬至 9 月中旬，对幼、旺树，主要是疏枝，大量拉枝，回缩长、大枝。拉枝将枝拉展，使枝条中部不弯弓，梢部不下垂。进入 10 月摘去不停长新梢的嫩头。冬剪时注意短截长串结果枝和长营养枝，疏除各骨干枝上部背上直立旺枝。

图 8-9　棚架扇形树形结构

（六）自然开心形（图 8-10）

自然开心形无明显的中心干，在主干上分生 3 ~ 4 个主枝，主枝上各分生侧枝 6 ~ 8 个，侧枝上再着生结果枝组，树冠中心开心透光。3 主枝基角为 45° ~ 50°，主枝 1 m 以外角度逐渐缩小，即腰角应为 30°。主枝先端的角度即梢角宜近于直立，植株高约 4 m。该树形优点是通风透光良好，骨架牢固，适于密植，主枝角较小，衰老较慢。适于生长势强，主枝不开张的品种；缺点是幼树修剪较重，进入结果期较晚，主枝直立，侧枝培养较难。

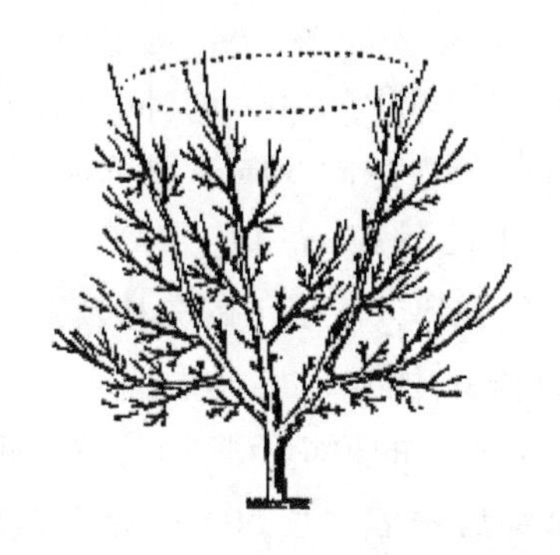

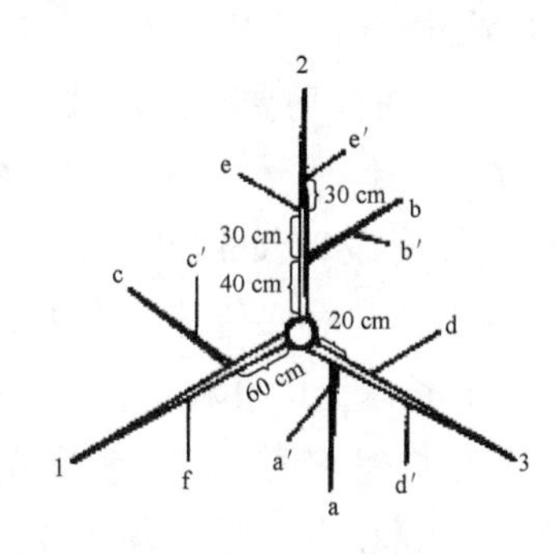

图 8-10　自然开心形树形结构

注：左图虚线表示 3 个主枝大致在同一水平面上，1、2、3 为主枝；a、b、c、d、e、f 为侧枝，a′、b′、c′、d′和 e′为结果枝组

（七）单层高位开心形（图 8-11）

单层高位开心形适合乔砧密植梨园采用，具有成形快、结果早、易管理等特点。

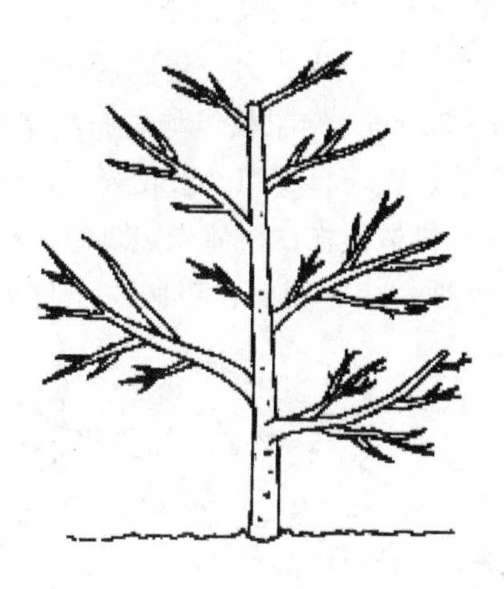

图 8-11　单层高位开心形树形结构

1. 树体结构参数

干高 60 ~ 80 cm，中心干高 1. 6 ~ 1. 8 m，树高 3. 0 ~ 3. 5 m。在中心干上均匀排列几个枝组，基轴长度 30 cm 以下，在中心干上着生 10 ~ 12 个健壮结果枝组，基部枝组与中心干夹角 70°，顶部与中心干成 80°。

2. 整形过程

①1～3 年树修剪要点。栽植后定高高度为 80～100 cm，同一行内剪口下第 1 芽方向保持一致。主干高度 60～80 cm，抹除 50 cm 以下所有枝条。前 2 年新梢长度在 30 cm 以下时不短截；生长至 30 cm 以上时，留 4～6 个饱满芽后短截，并对保留芽刻伤 4 个。长度在 30 cm 以下的分枝及细弱枝不剪截。30 cm 长以上的壮枝，留 2～3 个饱满芽短截。

②3 年生树修剪要点。对长度在 50 cm 以下的顶梢及长细弱枝，回缩到 2 年生部位；健壮直立枝，保留 4～6 个芽后短截。长 50 cm 以上粗壮枝，留 4～6 个芽后短截。全树 100 cm 以上的分枝数达 10～12 个且生长均衡时可全部缓放。短截缺枝部位的枝，并在缺枝部位选芽进行刻伤。5 月上旬，环刻长放健壮枝。全树环刻枝数不宜超过长放枝的 1/3。对直立长放枝在 7 月进行拉枝。4～6 年后逐渐更新复壮，精细修剪结果枝组，保持树老枝新。

（八）水平棚架形（图 8-12）

水平棚架形棚架高 2 m，主干高 80～100 cm，2～4 个主枝，层内距 60 cm，均匀分布向行间伸展，主枝在架面上间隔 1. 5～2. 0 m，主枝上不配备侧枝，两侧配备大、中、小枝组，大枝组间距 80 cm，中枝组间距 30～40 cm，小枝组间距 10～20 cm，结果枝组均匀布满架面。主枝背上不留大枝组。该树形优点是套袋、喷药、喷肥、采收等日常管理方便；树冠不高，枝条牢固，能减少风害和机械损伤；树体光照良好，结果稳定，品质优良。缺点为架材投资大，管理费工、费时，对肥水条件要求高，幼树期修剪

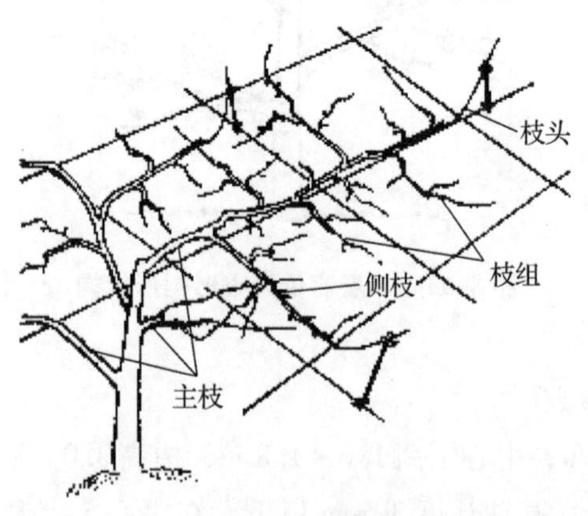

图 8-12　水平棚架形树形结构

量大。

（九）三裂扇形

三裂扇形干高60～70 cm。在中心干上错落着生5～6个小主枝，基角70°～80°，层内距50～60 cm，每1个主枝上着生2个大型枝组，其余为中、小型枝组。在中心干的上部，每隔20～30 cm配置1个较大枝组，共6～7个。待大量结果、树势缓和后落头开心，适合于56～83株/亩。

四、不同年龄时期修剪

梨树整形修剪采用冬剪和夏剪相结合，总的原则是改善通风透光条件，保持营养生长和生殖生长的动态平衡，确保连年高产稳产。冬季修剪方法主要是短截、疏枝、回缩、刻芽等，同时剪除病虫枝，清除病僵果。夏季修剪方法是拉枝、疏枝、摘心、环剥和拿枝等。对于5年生以下幼树，应以夏剪为主。结果初期要保持中心干生长优势，在饱满芽处短截骨干枝延长枝。疏除过密枝、竞争枝、徒长枝，对辅养枝采取摘心、拉枝、环剥等夏剪措施。6年生以上大树，随树体结果量增加，应逐渐加大冬季修剪量。盛果期树调节好生长与结果的关系。花芽量多的树应适当重剪，剪去一部分花枝或花芽；花芽量少的树应轻剪，尽量多留花芽。衰老期树要进行枝组的更新复壮。对骨干枝有计划地进行回缩更新；对于结果枝组，要选择1～2年生枝在饱满芽处进行短截。

（一）幼树和初结果树修剪

梨幼树和初结果树修剪的主要任务是迅速扩大树冠，注意开张枝条角度，缓和极性和生长势，使之形成较多的短枝，达到早成形、早结果、早丰产。要求冬季选好骨干枝、延长枝头，进行中短截，促发长枝，培养树形骨架。夏季拉枝开角，调节枝干角度和枝间从属关系（使中心干生长势大于主枝，主枝大于侧枝，侧枝大于枝组），促进花芽形成，平衡树势。

1. 促发长枝，培养骨架

定干尽量选在饱满芽处进行短截，一般定干高度80 cm左右。要求抹除距地面40 cm以内萌发的枝芽，其余保留。冬剪时中心干延长枝剪留50～60 cm，主枝延长枝剪留40～50 cm，短于40 cm的延长枝不剪。

2. 增加枝量，辅养树体

采取轻剪少疏枝、刻芽、涂抹发枝素、环割和开张角度等措施，促使发枝，增加枝量，迅速壮大树冠。应用发枝素有效促进萌芽，使之在幼树上定点定向发出新梢，按树形结构选留主枝或侧枝。生产上多在4—8 月用火柴棒蘸取少许发枝素原液，均匀地涂在需要发枝的腋芽表面。涂芽数为 150 ~ 200 个/g。

3. 开张角度，缓和长势

采取拉、顶、坠、拿枝及应用各种开角器开张枝梢角度，以促使形成较多短枝，实现早期丰产。开张角度时间越早越好。

4. 抑强扶弱，平衡树势

进行中心干换头或使之弯曲生长。对强枝、角度小的枝加大开张角度，采用弱枝带头，多疏枝缓放少短截，环剥环割、多留果等方法；对弱枝采用相反方法，抑强扶弱，平衡树势。通过改变枝的开张角度、回缩等方法，调整好主从关系。

5. 培养枝组，提高产量

梨树结果枝组培养一般采用先放后缩法为主。第 1 年长放不剪，第 2 年根据情况回缩到有分枝处，或第 1、第 2 年均长放不剪，等到第 3 年结果后再回缩到有分枝处。幼树至初结果期应多培养主枝两侧的中小型结果枝组，增加斜生结果枝组。

6. 清理乱枝，通风透光

采取逐年疏枝、回缩，处理辅养枝，清理乱枝，保持树冠通风透光，小枝健壮，以达到优质丰产的目的。

（二）盛果期树修剪

梨树盛果期修剪的主要任务是调节生长和结果之间的平衡关系，保持中庸健壮树势，维持树冠结构与枝组健壮，实现高产稳产。具体要求为树冠外围新梢长度以 30 cm 为宜，中短枝健壮；花芽饱满，约占总芽量的 30%；枝组年轻化，中小枝组约占 90%；达到 3 年更新，5 年归位，树老枝幼，并及时落头开心。

1. 保持树势中庸健壮

梨树长势中庸健壮的树相指标是：树冠外围新梢长度 30 cm 左右，比例约为 10%，枝条健壮，花芽饱满紧实。

2. 保持枝组年轻化

枝组大小新旧交替，其内部处于动态变化状态。要求随着树冠的开张，背下、侧背下枝组应逐渐由多变少，侧背上、背上枝组应逐渐由少变多，且以中小枝组为主。位置空间适宜的枝组或培养或维持，不适宜的或更新或疏除，使枝组分布合理，错落有序，结构紧凑，年轻健壮。

3. 保持树冠结构良好

要及时落头开心，疏除上部过多枝，间疏裙枝、下垂枝；回缩行间碰头枝，解决群体光照，全树保持结构良好，中庸健壮。

（三）衰老期树修剪

梨树当产量降至不足1000 kg/亩时，应进行更新复壮。要求每年更新1～2个大枝，3年更新完毕，同时做好小枝的更新。

梨树潜伏芽寿命长，在发现树势开始衰弱时，要及时在主、侧枝前端2～3年生枝段部位，选择角度较小、长势比较健壮的背上枝，作为主、侧枝的延长枝头，将原延长枝头去除。如果树势已经严重衰弱，选择着生部位适宜的徒长枝短截，用于代替部分骨干枝。如果树势衰老到已无更新价值时，要及时进行全园更新。对衰老树的更新修剪，必须与增加肥水相结合，加强病虫害防治，减少花芽量。

五、修剪技术综合应用

（一）休眠期修剪

萌芽前，按树形结构参数在适宜高度处定干，选直立向上生长的新梢作为中心干，在其上选留主枝。冬剪时，中心干和主枝延长枝适度短截，保持生长优势和产生分枝。已选留的其他主枝和侧枝栽后第1年和第2年尽量多留枝，刻芽增加有效枝量，有空间斜生枝短截培养枝组，加快树冠形成。树冠达到预定大小后，落头开心，主枝采用缩放结合方法维持树冠大小。辅养枝影响主枝生长时，逐年回缩直至疏除。

（二）生长期修剪

生长期及时疏除主枝延长枝的竞争枝和过密枝、重叠枝、直立旺长枝，维持良好通风透光条件，提高光能利用率。有空间处直立枝，长至 30 ~ 40 cm 时，用“弓”形开角器开角，生长旺的斜生枝长至 30 cm 时摘心。7 月对结果较多的下垂枝吊枝。9 月将角度小的主枝按树形要求拉枝开角，将辅养枝拉成 90°，保其成花结果。

（三）结果枝组修剪

梨大、中、小型枝组要多留早培养。中心干上转主换头的辅养枝，主枝基部、背上背下可多留。在培养过程中分别利用，逐步选留，到必要时再按情况疏除。不扰乱骨干枝，影响主侧枝生长，做到有空间就留，见挤就缩，不能留时再疏除。有空间大中枝组，后部不衰弱、不缩剪，采取对其上小枝组局部更新的形式进行复壮；对短果枝群细致修剪，去弱留强、去远留近。

思考题

1. 红梨适合规模化栽培的树形有哪些？其幼树、初结果树和盛果期树应如何进行修剪？

2. 红梨生长期和休眠期应如何进行修剪？

第九章　红梨病虫害防治技术

一、病害

（一）轮纹病

轮纹病亦称瘤皮病、粗皮病，发生普遍，发病严重。主要危害树干和果实，导致树势衰弱，果实腐烂，田间病果率可达80%以上。防治轮纹病的关键是提高树体的抗性，消灭越冬病原。在病原传播和侵入过程中掌握最佳时期喷药保护尤为重要。轮纹病分布遍及全国各梨产区。此病还危害苹果、海棠等果树。

1. 病原及症状表现

轮纹病病原菌属子囊菌球壳孢目束孢壳菌。主要危害枝干、叶片和果实。枝干发病，起初以皮孔为中心形成暗褐色水渍状斑，渐扩大，呈圆形或扁圆形，直径0.3～3.0 cm，中心隆起，呈疣状，质地坚硬。以后，病斑周缘凹陷，颜色变青灰至黑褐色，翌年产生分生孢子器，出现黑色点粒。随树皮愈伤组织的形成，病斑四周隆起，病健交界处发生裂缝，病斑边缘翘起如马鞍状。数个病斑连在一起，形成不规则大斑。病重树长势衰弱，枝条枯死。果实发病多在近成熟期和贮藏期，初以皮孔为中心形成褐色水渍状斑，渐扩大，呈暗红褐色至浅褐色，具清晰的同心轮纹。病果很快腐烂，发出酸臭味，并渗出茶色黏液。病果渐失水成为黑色僵果，表面布满黑色粒点。叶片发病，形成近圆形或不规则褐色病斑，直径0.5～1.5 cm，后出现轮纹，病部变灰白色，并产生黑色点粒，叶片上发生多个病斑时，病叶往往干枯脱落。

2. 发病规律及特点

枝干病斑中越冬的病菌是主要侵染源。分生孢子翌年春天2月底在越冬的分生孢子器内形成，借雨水传播，从枝干的皮孔、气孔及伤口处侵入。梨园空气中3—10月均有分生孢子飞散，3月中下旬不断增加，4月间随风雨大量散出，梅雨季节达最高峰。病菌分生孢子从侵入到发病约15 d，老病斑处的菌丝可存活4～5年。新病斑当年很少形成分生孢子器，病菌侵入树皮后，4月初新病斑开始扩展，5—6月扩展活动旺盛，7月以后扩展减慢，病健交界处出现裂纹，11月下旬至翌年2月下旬为停顿期。轮纹病的发生和流行与气候条件有密切关系，温暖、多雨时发病重。

3. 防治方法

秋冬季清园，清除落叶、落果。刮除枝干老皮、病斑，用50倍402抗生素消毒伤口；剪除病梢，集中烧毁。加强栽培管理，增强树势，提高树体抗病能力。合理修剪，园地通风透光良好。芽萌动前喷布5°Be′石硫合剂。生长期4月下旬至5月上旬、6月中下旬、7月中旬至8月上旬，每间隔10～15 d喷1次50%的多菌灵可湿性粉剂800倍液；50%的克菌灵可湿性粉剂500倍液；70%的甲基托布津可湿性粉剂1000倍液；50%的退菌特可湿性粉剂600倍液；70%的代森锰锌可湿性粉剂900～1300倍液；40%的杜邦福星8000～10000倍液；30%的绿得保杀菌剂（碱式硫酸铜胶悬剂）400～500倍液；50%的甲霉灵或多霉灵可湿性粉剂600倍液；12.5%的速保利可湿性粉剂3000倍液；80%的大生M-45可湿性粉剂600～1000倍液；6%的乐必耕可湿性粉剂1000～1500倍液；或1∶2～3∶200式波尔多液。此外，也可果实套袋，保护果实。

（二）黑星病

黑星病又称疮痂病，是梨树的一种主要病害，在全国各梨产区普遍发生。尤以辽宁、河北、山东、河南、山西、陕西等梨区受害更为严重，病害流行年份，病叶率达90%，病果率达50%～70%。

1. 症状表现

病菌主要危害新梢、叶片和果实。新梢受害，生长受阻，叶片萎缩，不能正常生长。叶片受害，提早脱落。果实受害，斑痕累累，不堪食用，易早落果。

2. 发病规律及特点

病菌主要在芽鳞和病梢上越冬，其次是落叶中。在芽鳞处越冬的病菌，翌春首先侵染梨芽，其长出的新梢称“病芽梢”。病芽梢生长缓慢，基部出现一层灰黑色霉层，果农称为“乌码子”。在病芽梢上产生大量病菌孢子，借风雨传播，侵染其他叶片。多雨年份，在树冠上常出现围绕病芽梢形成的

发病中心。病芽梢大量发生时期，正值新梢、叶片迅速生长期。在落叶中越冬的病菌，一般在梨落花后产生可传播的病菌孢子，借风雨传播，进行侵染。叶片被害后，在叶背沿叶脉或支脉出现黄白色小斑点，以后形成不规则病斑。在适宜条件下，病斑很快出现灰黑色霉状物。病斑组织变硬，生长停滞，随着果实膨大生长，病斑凹陷、龟裂，重病果畸形、味苦、易早落。北方梨区，一般7—8 月雨季的温湿度适于病害流行，常造成提前落叶和出现大量病果。

3. 防治方法

梨落花后，病芽梢出现期，结合疏花疏果，剪除病梢。梨落花后 7 ~ 10 d，可喷布 20% 的代森铵水剂 1000 倍液；40% 的代森锰锌乳粉 300 倍液；50% 的多菌灵可湿性粉剂 600 倍液。在发病盛期，南方在 6 月下旬，北方从 7 月中下旬开始喷杀菌剂 2 ~ 3 次。除上述药剂外，还可喷 70% 的甲基托布津可湿性粉剂 1000 倍液；50% 的退菌特可湿性粉剂 600 倍液；80% 的代森锌可湿性粉剂 800 倍液；1 （$CuSO_4$）：2 （CaO）：200 （H_2O） 倍波尔多液等，与上述有机合成杀菌剂交替使用，能提高防治效果。

（三）腐烂病

腐烂病在我国各梨产区都有发生，西洋梨发病重。结果大树较幼树发病重，梨树受冻害和管理粗放、树势衰弱的果园发病重。

1. 症状表现

腐烂病发病部位主要在主枝和侧枝上，小枝和主干上发病较少，大枝的向阳面和枝杈处容易发病。发病初期，病斑呈水渍状，稍隆起，病皮下面的皮层腐烂，变成褐色，病部逐渐失水凹陷，病健交界处有裂缝，最后在病部表面长出小黑点，冬季病皮翘起；严重者造成枝条或全树死亡。

2. 发病规律及特点

该病在 3—11 月均可发生，春季发病较多，夏季病害不发展，秋季发生较轻。全年发病盛期在 3—4 月，此时，旧病疤继续扩大，同时产生新病斑，此时病斑数量最多，发展速度最快。病菌由雨水传播，从伤口侵入寄主组织，11 月以后，病菌停止活动。

3. 防治方法

加强栽培管理，控制果实负载量，提高树体抗病性；在腐烂病发生严重地区，栽植抗病品种；及时剪除病枝和刮除病疤。刮除病疤时只刮掉腐烂皮层即可，刮后涂40%的福美砷可湿性粉剂50倍液。将剪下的病枝和刮下的病皮，收集起来带出果园，集中烧毁，勿滞留果园。发病严重果园，在梨树发芽前全树喷40%的福美砷可湿性粉剂100倍液或5°的Be′石硫合剂。

（四）黑斑病

黑斑病是梨的主要病害之一。我国各梨产区都有发生，在长江一带梨区为害严重，近几年在北方梨区为害也有加重趋势。病菌可侵染叶片、新梢、花和果实。在南方梨区为害果实严重，常造成大量裂果或落果，被害果不堪食用。在北方梨区主要危害叶片，受害严重者提前脱落，导致树势衰弱，不但影响当年果品产量和质量，还会影响下年花芽的形成。

1. 症状表现

病菌在病叶、病果和病枝上越冬，翌春以分生孢子借风雨传播，进行侵染。在果树整个生长季，均可侵染发病。南方一般从5月初开始发病，最初在叶面生出现针头大小的圆形黑色斑点，斑点扩大后形成近圆形或不规则形病斑，中心灰白色，边缘黑褐色，有时略显轮纹，潮湿时病斑上出现黑霉，叶片受害严重时，整个病斑连在一块成大病斑，使叶片功能丧失，以致脱落。果实受害后，最初出现针头大小的黑斑点，后逐渐扩大为圆形或椭圆形病斑，病部停止生长而凹陷，表面生黑霉，严重时病斑龟裂，有时裂缝可达果心，病果易早落。

2. 发病规律及特点

在江苏一带，发病盛期在6月下旬至7月初，此时出现大量病叶和病果。在北方梨区，7月中旬至8月初，出现大量病叶；8月下旬至9月初，病叶开始脱落。管理粗放，缺肥少水，或地势低洼，排水不良，果园郁闭，通风透光不良，有利于发病。高温多雨易造成病害流行。

3. 防治方法

加强栽培管理，增施有机肥，勿偏施氮肥；结合冬剪，清除果园中的枯枝落叶，将病叶、病果深埋树下做肥料。重病园在梨树发芽前喷1次0.3%的五氯酚钠和5°Be′石硫合剂混合液。梨落花后喷1次1：2：200倍波尔多液或10%的双效灵200~400倍液。在病害大发生初期，南方在6月中旬左右，北方在7月上旬左右，结合防治梨黑星病，喷1~2次50%的退菌特可湿性粉剂600倍液；50%的代森铵可湿性粉剂1000倍液；65%的代森锌可湿性粉剂500倍液。这些药剂最好与波尔多液交替使用。

（五）梨锈病

梨锈病在我国各梨区都有发生，近几年有发生严重趋势。病菌主要危害梨，还可危害山楂、海棠、榅桲等果树。梨锈病菌转主寄主是桧柏。

1. 症状表现

叶片发病初期，表面出现橙黄色油滴状小斑点，逐渐发展成为直径 4 ~ 8 mm 近圆形病斑，中间出现橘黄色小粒点，并溢出淡黄色黏液，黏液干燥后，小粒点变为黑色，病斑周围呈红褐色，正面凹陷，背部肿大隆起，丛生出灰褐色细管状物，一般 10 余条，管状物末端破裂后，散出锈孢子，病斑逐渐干枯。病叶上病斑多时，往往提早脱落。幼果发病症状与病液相同。嫩梢感病后，病部凹陷，后期发生龟裂，易折断。

2. 发生规律及特性

病菌以菌丝体在桧柏上形成的菌瘿中越冬，翌春形成冬孢子角，孢子角内的物质遇降雨或潮湿时膨大，产生大量小孢子，随风雨传播到梨树上，传播距离 2500 ~ 5000 m。病菌主要侵染叶片，还可为害嫩梢和幼果。

3. 防治技术

清除梨园周围 5000 m 以内的桧柏是防治梨锈病的根本措施。如果不能清除，则需喷药防治。在翌春梨锈病菌向梨园传播时，即在梨落花后至幼果期喷 1 ~ 2 次 1∶2∶240 倍波尔多液，40% 的福美砷可湿性粉剂 500 倍液；50% 的甲基托布津可湿性粉剂 800 倍液，预防病菌侵入；在梨园周围桧柏树上喷药，防止病菌向梨园传播。喷药时期在春季病菌向梨园传播前和秋季病菌传播到桧柏上以后，一般在 3—4 月和 9 月进行。使用药剂同上。

（六）梨树干枯病

梨树干枯病也称干腐病、胴枯病，在我国广泛分布，河北、河南、山东、山西、江苏、浙江、云南及东北三省均有发生和危害。近几年，由于受外界环境条件和人为栽培因素影响，梨树干枯病逐年偏重发生，且呈蔓延流行态势，部分区域甚至出现了绝产毁园的现象。梨树干枯病已逐渐发展成为妨碍梨果产业提质增效、制约果农增产增收的潜在威胁。

1. 症状表现

梨树干枯病发病时主要危害枝干和梨果，梨苗也受害。梨树受害后，在树干上形成圆形、水渍状斑点，逐渐扩展成椭圆形或梭形的暗褐色病斑。病部逐渐失水干枯、萎缩凹陷，病健交联处发生干裂。随之，病斑表面会长出很多颗粒状黑点，即病菌孢子器。当年生结果枝受害时，先在果枝基部产生红褐色病斑，并逐渐向四周扩展，导致果枝基部环溢而枯死。果枝、发育枝条受害时，会在与短果枝相连接的枝条或发育枝上形成褐色或黑褐色大小不一的溃疡斑。幼树发病多发生于近地 3 ~ 6 cm 处的树干基部，树皮呈花黑色，逐渐环溢树干致使幼树死亡。成年梨树主干及分枝都能受害，多在 2 ~ 3 年生枝上发病，可造成溃疡斑。一般老枝上病斑不再发展，常随树皮木栓化而散落。当发病严重时，病部下陷，树皮断开龟裂，翘卷脱落，暴露出木质部，呈灰褐色，木质发朽，易被大风吹断，造成死枝、死树。梨果染病后，病果上出现轮纹斑，其症状与梨轮纹病极为相似。

2. 发生规律及特点

病菌以多年生菌丝体和分生孢子器在病枝干上越冬。翌年多雨潮湿时释放分生孢子，借风雨、昆虫传播，在新芽、伤口或未完全愈合的剪口处侵入，引起初侵染。遇高湿环境，侵入的病菌产生孢子再次进行侵染，通常 5—6 月病斑扩展较快，当年秋季即可形成大型病灶斑块。雨季，病菌容易随雨水沿枝干下淌，遇适宜部位即可侵染，在树体上形成更多病斑，诱发整树染病。一般地势低洼、排水不良、土壤黏重、施肥不足、遮光郁闭、通风不畅、树势衰弱的梨园发病较重，管理粗犷、修剪不当、遭受过低温冻伤或高温日灼的梨园发病亦重。近年来，随着日、韩梨品种的大量引进、改接，干枯病呈现偏重早发、大面积重发的趋势。经过改接、管理粗放、自然环境条件较差的梨园发病明显高于管理精细、自然环境条件优越的梨园。

3. 防治技术

根据干枯病发生原因，即立地条件差、不良气候影响、管理措施不当，其防治措施主要从以下 6 个方面着手。

①规范建园。选择地势平整、土层深厚、土质肥沃、有机质含量高、排灌条件好的沙壤地块建园。建园时，应避开上风口直接迎风、易发生冻害的位置，避免在前茬种植过梨树的老园上复栽，并注意防止与易感病品种“插花”混栽。系统考虑自然环境、品种特性、管理水平等综合因素，规范制定建园标准，合理设定株行距，改善梨园小气候，减少导致病害侵染、发生的客观诱因。

②加强检疫。严格执行检疫制度，严禁从疫区调运苗木。发现染病苗木后要及时焚烧销毁，并注意做好包装物品和交通运输工具的灭菌消毒处理。

③彻底清园。入冬梨树完全落叶后，要及时做好冬剪、清园工作。清园时，要彻底清理梨园中的残枝败叶，剪除染病枝干，刮净主干上的残老翘皮、病变组织，带出园外集中焚烧。有效压低病菌基数，阻断病害侵染、传播途径，减轻危害。结合清园，实施主干、主枝涂白。涂白剂按生石灰、硫黄粉、食盐、植物油、水 100：10：10：1：200 的比例均匀混配，于霜冻来临前进行。不仅能有效防除干枯病，还可预防日灼及其他寄生越冬病虫害的发生。

④科学管理。在栽培管理过程中，控制化肥用量，尽量不用激素类生长调节剂，加大有机肥、果树生物肥投入，力争做到配方施肥。避免大水漫灌，采用小水勤灌的浇水方式，有条件的梨园可采用节水管道或滴灌的方法进行补墒。遇强性降雨，梨园积水时要及时排涝除渍。保证树体合理、充足的水肥及养分供给，增强梨树抗逆性，确保茁壮稳健生长，减少发病概率。依据梨树的生长发育状况和梨园的生产管理水平，适度修剪。修剪时，既要考虑提高梨果的产量、品质，又要注重增强树体营养积累，减少养分消耗。修剪过程中要短截主枝基部的枝条，促发新枝，充实内膛，逐步更新、培养结果枝组，疏除弱枝花芽、腋花芽，坚持利用新生结果枝结果。同时，注重夏剪，根据树体枝干的空间布局，除保留有利用价值的背上枝并及时拉平培养成结果枝外，其余的徒长枝、交叉枝、重叠枝一律从基部疏除。剪、锯口要及时涂抹凡士林或动、植物油脂加以防护。修剪伤口过大时，在涂好防护剂的基础上，最好再用塑料膜包裹。强化疏花疏果，合理负载，适量留果，切忌贪多求密。花蕾分离后开始疏花，相隔 25～30 cm 留 1 朵花序。落花后及时疏果，尽量在 3～5 d 内完成。疏果时，每朵花序只选留 2～3 序位花中着生位置好、果型端正的单果，腋花芽全部疏除。定果时，叶果比控制在 40：1，果间距保持在 30 cm 左右，水肥条件差、树势较弱的梨园留果量为 8000～10 000 个/亩；水肥条件好、树势较强的梨园留果量为 12 000～15 000个/亩，保证梨树营养生长、生殖生长平衡，发育健壮。实施速生密植梨园，一定要加强夏秋修剪，及时进行疏枝、扭枝、摘心等，促进枝条发育充实，增强梨园通风透光能力，提高树体抗性。梨园表现大、小年，采用修剪、环刻、牵引拉枝、疏花疏果等管理措施调整、改良树体结构，调控、改进群体布局，优化、改善梨园生态。

⑤药剂防治。早春梨树萌芽前，喷施 5°Be′石硫合剂 1 次。秋季新芽形成时，用 1：2：200 倍波尔多液、0. 5°Be′石硫合剂、50% 的多菌灵胶悬剂 700～800 倍液、50% 的甲基托布津胶悬剂 600～700 倍液、80% 的代森锰锌

可湿性粉剂500倍液喷雾，均能收到良好防效。梨树病害初发期，先将发病部位的染病组织刮净，均匀喷施或涂抹农用抗生素20～25倍液、2%的农抗120水剂80～150倍液、3°～5°Be′的石硫合剂后，再用塑料薄膜裹严，有效防雨保湿，提高防效，最后用75%的百菌清可湿性粉剂1600～1800倍液直接喷淋或涂刷枝干及病斑四周，彻底消杀树体携带的残留病菌。一般3～4 d便有新生组织长出，7～10 d伤口即可愈合，能达到明显的杀菌消毒、治病祛病效果。

⑥桥接复壮。经刮皮、割皮治疗后，部分梨树伤痕处愈伤组织形成时间长、愈合慢，生长势变弱。因此，在主干、主枝伤痕较大部位可进行桥接，以帮助尽快恢复树势，促进复壮生长。桥接时间多选在树体营养生长旺盛、枝干离皮较好的4月下旬至7月中旬。接前，对树体浇水，优先选用树体本身1年生充实、健壮枝条做接穗，提前将削切好的接穗放入0.003%的赤霉素溶液或0.005%的萘乙酸溶液中浸泡15～20 min。按时，首先精细处理原剥口，使之露出新茬，然后将处理好的接穗精确插入上、下接槽的皮下，接口处敷上浸有0.003%的赤霉素溶液的卫生纸或棉花团。野外作业时，也可将赤霉素溶液掺土和泥替代棉团直接涂抹在接口部位，刺激新生组织快速生成。最后用塑料薄膜带扎严，用绳子绑紧，以利保湿并防止雨水浸入。当接合部位皮层较硬或接穗韧度较差时，插好接穗后可用大头针将其两端固定在树干上，使削切面与树干皮内形成层充分按实。如果伤口邻近地面且有根际蘖苗可供利用时，可采用单头桥接的方法，只需处理上端即可。这样不仅节省了用工，成活率也会明显提高。接后15～20 d，接穗开始愈合成活，20～25 d后便可解绑放风。接穗成活后，除加强肥水管理等日常防护外，可结合喷药，多次重复补充营养叶肥，以增加树体养分，增强抗病能力，加快树势恢复，确保实现梨树健壮生长，梨果产量、品质持续提高。

二、虫害

（一）食叶害虫

1. 金龟子

（1）症状表现

金龟子属鞘翅目金龟子总科，种类很多。为害梨树的主要是萌芽至幼叶

期发生的种类。金龟子以成虫取食植物的芽、花和叶片，在发芽期发生数量大时，能把梨芽吃光，造成不能展叶，这种情况在定植当年的梨园和幼树园表现明显。金龟子幼虫生活在土中，统称为蛴螬。取食植物的根或其他有机物质。

（2）发生规律及特点

梨树在发芽到展叶期发生的金龟子主要有3种：东方金龟子、苹毛金龟子和小青金龟子（图9-1）。3种金龟子均为1年发生1代。以成虫在土中越冬。其中，东方金龟子还可以幼虫越冬。梨树在花芽膨大期，成虫开始出土，其出土顺序为东方金龟子、苹毛金龟子、小青金龟子。出土后先为害梨芽，再为害花蕾、花瓣、花蕊、柱头和嫩叶。成虫有假死习性，受惊扰即落地，有的种类有趋光性。梨树在盛花期常见到3种金龟子同时为害。3种金龟子成虫在形态上的共同特征是：体圆筒形，体壁坚硬，前翅加厚，合起来盖住胸、腹部的背面和折叠的后翅，两翅在中间相遇，形似盔甲包被身体，因此称“鞘翅”。触角鳃叶状，平时缩入头下。前足为开掘足，适于掘土。东方金龟子体长8～9 mm，卵圆形，全体黑色，有光泽，被天鹅绒状细毛，前胸背板和鞘翅上密布许多小刻点。苹毛金龟子体长约10 mm，卵圆至圆筒形，头胸部背面紫铜色，鞘翅茶褐色，半透明，腹部腹面及侧面密生黄褐色细长毛。小青金龟子体长约12 mm，圆筒形，略扁，头黑褐色，前胸背板和鞘翅暗绿色或赤铜色，无光泽，胸部腹面密生黄褐色绒毛，鞘翅上有纵行刻纹和银白色斑点。

（3）防治方法

利用金龟子假死性，在早晨成虫不太活跃时，振树捕杀。新定植幼树套纸袋防虫。方法是在梨树定干时，用旧报纸剪成长35～40 cm，宽15 cm的纸条，粘成纸袋，套在定干后的梨树上，以保护整形带内的幼芽，待叶片长出后将纸袋取下。成虫发生期喷布50%的锌硫磷乳剂1000倍液；50%的马拉硫磷乳剂1000倍液；90%的敌百虫晶体1000倍液；50%的对硫磷乳剂1500倍液；25%的西维因可湿性粉剂600倍液。花期不喷药。

2. 梨星毛虫

（1）症状表现

梨星毛虫属鳞翅目斑蛾科，是梨树的主要食叶害虫，全国各梨产区都有发生。除为害梨树外，还为害苹果、海棠、山楂等果树。以幼虫为害花芽、花蕾和叶片。1年内可发生2次严重危害，即春季出蛰后的越冬幼虫和夏季

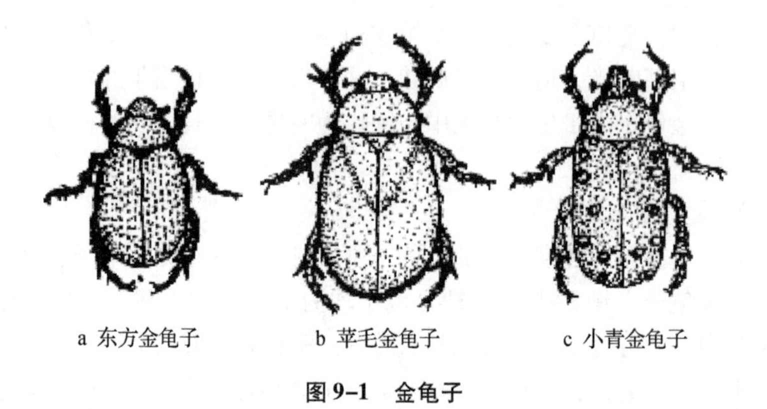

图 9–1　金龟子

发生的幼虫。春季的危害性大于夏季。出蛰后的越冬幼虫食害花芽和嫩叶，导致花芽破损，不能正常开放，种群密度大时，可将花芽和嫩叶全部吃光，使树势极度衰弱，连续发生几年，可导致树体死亡。

（2）发生规律及特点

梨星毛虫在东北和华北、甘肃等地 1 年发生 1 代，在河南部分地区和陕西关中、延安地区发生 2 代。以 2 ~ 3 龄幼虫在树干粗皮缝、翘皮下或其他缝隙处做白色薄茧越冬，在无粗皮的幼树上，通常在根颈部的土缝内越冬。梨花芽膨大期，越冬幼虫开始出蛰，花芽露白至花序分离期为出蛰盛期。各地气候条件不同，出蛰时期各异，但都与梨物候期相吻合。在河北省中北部梨区，越冬幼虫从 3 月下旬或 4 月上旬开始出蛰，盛期在 4 月中旬。越冬幼虫体长 3 ~ 4 mm，暗灰白色，腹部色淡，背面有 5 条暗紫色纵线。出蛰幼虫先取食花芽和花蕾，有时钻入花蕾内取食。危害严重时，花芽不能开放，叶片不能展开。梨树展叶后，幼虫为害叶片，叶片稍大时，幼虫吐丝将叶片两边缘向中间包缝，呈饺子状，果农称为“包饺子虫”。幼虫在包叶内取食，被害叶片只剩叶脉或下表皮，以后叶片干枯，此时幼虫已渐变老熟，体长 15 ~ 18 mm，体肥胖略呈纺锤形，淡黄白色，后变黑褐色，茧白色双层。6 月上中旬羽化成虫，成虫是中型大小的蛾子，体长 9 ~ 13 mm，翅展 19 ~ 30 mm，雌比雄大，身体柔软，体色灰褐至黑褐色，无光泽。雌虫触角羽毛状，雄虫栉齿状。翅薄、柔软，翅脉清晰可见。成虫飞行力很弱，7：00—8：00 和 17：00 以后活动较盛，日间多静伏枝叶背面。卵多产于叶背，呈不规则块状，每头雌虫产卵百余粒。卵扁椭圆形，长约 0. 7 mm，白色，近孵化时暗褐色。卵期 7 ~ 10 d，6 月下旬孵化幼虫。幼虫取食叶肉，将叶片

食成不规则的孔洞。7 月上旬，幼虫生长至 2 ~3 龄时开始下树，7 月下旬至 8 月上旬，几乎全部幼虫都爬向越冬场所准备越冬。在发生 2 代地区，5 月下旬至 6 月上旬发生越冬代（第 2 代）成虫，8 月上中旬出现第 1 代成虫，9 月幼虫开始下树越冬。

（3）防治方法

刮粗皮，刮皮部位主要是主干、主枝和枝杈处，将刮下的粗皮收集起来烧掉；药剂防治关键时期是越冬幼虫出蛰期，即梨树花芽露白至花序分离期。喷布药剂是50% 的敌敌畏乳剂1000 倍液，20% 的杀灭菊酯乳剂3000 倍液。发生量大时可连续喷药 2 次。

3. 梨木虱

（1）症状表现

梨木虱属同翅目木虱科，是梨树主要害虫。全国各梨产区都有发生，以北方梨区为害较重。以若虫吸食汁液，主要为害叶片，亦可危害芽、花蕾、果实或嫩枝。叶片受害严重时可导致落叶。幼虫在叶片和果实上分泌的黏液易形成霉污，影响叶片光合作用和导致果实等级下降，商品价值降低。

（2）发生规律及特点

梨木虱在我国各梨产区发生世代数因气候条件不同而有差异。在辽宁西部梨区 1 年发生 3 ~4 代，河北北部 4 ~5 代，河北中南部及黄河故道地区 6 ~7 代。以成虫在落叶、杂草和树皮缝隙内越冬。越冬成虫出蛰期较早，当日平均气温稳定在 0 ℃以上时即开始活动，此时梨芽尚未萌动。成虫出蛰后在小枝上爬行，尤以日暖时较为活跃，当气温低于 0 ℃时又潜伏在树皮缝等避风处。成虫体长 2. 3 ~3. 2 mm。体形似蝉，褐色，有黑褐色斑纹。在河北省中南部地区，越冬成虫于 2 月上中旬开始出蛰，2 月下旬进入高峰。3 月上中旬开始产卵，4 月下旬为产卵高峰。在梨树发芽前，卵大都产在芽痕处，展叶后大都产在叶缘锯齿间或叶柄沟内。4 月下旬出现若虫，4 月中旬大量出现。若虫体扁平，淡黄色，复眼红色。3 龄以后在身体两侧出现翅芽，腹部分节不明显，愈合为一块。若虫集中在嫩叶上为害，并分泌大量黏液将自身包被其中。5 月上旬出现第 1 代成虫，夏季发生成虫较越冬成虫体略小，绿色或黄绿色，触角丝状，前翅半透明，翅脉黄褐色。成虫较活泼，善跳，产卵于叶缘锯齿间。卵长椭圆形，一端圆钝，另一端尖细，并延伸出一根长丝，卵期 10 d 左右。由于成虫产卵时间不同，导致以后各世代重叠发生，致使整个生长季均可见到梨木虱的各虫态。在梨树生长前期，若虫主要为害叶片，常几头若虫聚在一起，由于其分泌黏液招致霉污，叶片受害后，出现褐色坏死斑，严重时枯斑连片，叶片干枯脱落。进入6月，若虫开始为害果实，同样分泌黏液，形成黑霉。6—8月开始出现越冬型成虫（图9–2）。

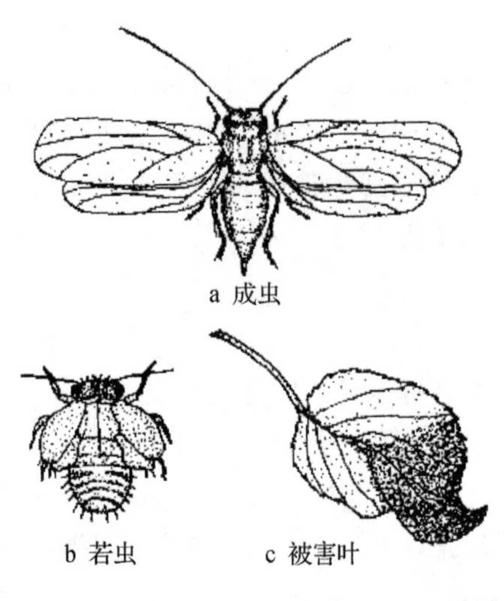

图 9–2　梨木虱

（3）防治方法

根据大部分成虫在落叶、杂草中越冬习性，清除果园的枯枝落叶和杂草，或在冬季进行大水漫灌，以消灭大部分越冬成虫；药剂防治有两个关键时期：第1个是越冬成虫出蛰盛期至产卵期，即2月下旬至3月中旬。喷95%的蚧螨灵（机油）乳剂80～100倍液；20%的杀灭菊酯乳剂3000倍液；40%的水胺硫磷乳剂1500倍液；30%或47%的百磷3号1000～1500倍液。第2个是第1代卵孵化盛期，即在梨落花达90%左右时进行。使用药剂同上。使用农药时，应避免连续使用同种药剂，尤其是合成菊酯类农药，原则上每年只使用1次。

4. 梨网蝽

（1）症状表现

梨网蝽有叫梨军配虫，属同翅目网蝽科，在我国各梨产区都有发生，以华中和华北梨区发生较为普遍，在管理粗放和山地梨园为害较重。主要为害梨和苹果等仁果类果树。成虫和若虫均可用其刺吸式口器在叶背吸食汁液。叶片受害严重时变褐干枯，影响树势和产量。

（2）发生规律及特点

梨网蝽在我国发生世代数因地理位置、气候不同而异。在华北地区1年发生3～4代、南京4～5代、湖北武昌5代、江西南昌6代。以成虫在落叶、杂草和树干裂皮及树干根际土缝内越冬。梨树发芽后，越冬成虫开始出蛰。在江苏南京地区，越冬成虫于4月中旬开始活动；在山西运城地区于4月下旬成虫出现，在河北中南部梨区，小国光苹果落花后是成虫出蛰盛末期。成虫体长3.5 mm，身体扁平，黑褐色，前胸背板两侧有向外突出的半圆形突起。翅宽阔，身体背面和前翅背面有网状花纹。成虫出蛰后，多集中在叶背为害，产卵于主脉附近的叶肉组织内，产卵后分泌黄褐色黏液和排泄粪便覆盖其上。第1代卵期18 d左右。初孵若虫体半透明，体长约0.7 mm，2龄以后腹部背板变黑，3龄时出现翅芽，腹部两侧有8对刺状突起。若虫常群集于叶背为害，受害叶片呈苍白色，若虫分泌黏液和排泄粪便，使叶片背面呈现黄褐色锈斑。第1代若虫可延续1个月左右，6月上旬至7月上旬出现第1代成虫，以后各世代重叠发生，田间可见各虫态。7—8月虫口密度最大，为害最重。成虫从10月下旬开始越冬。

（3）防治方法

清除果园中落叶、杂草，刮除老翘皮，以消灭越冬成虫。药剂防治重点时期是越冬成虫出蛰期和第1代若虫孵化期。选用药剂有50%的杀螟松乳剂1500～2000倍液、80%的敌敌畏乳剂1000倍液、20%的杀灭菊酯乳剂5000倍液，越冬成虫出蛰期，除树上喷药外，还可在树干根基部喷药，能消灭大部分成虫。

5. 梨二叉蚜

梨二叉蚜又称梨蚜，属同翅目蚜科，是梨树一种主要害虫。梨二叉蚜在我国各梨产区都有发生，尤以辽宁、山东及华北地区发生普遍。其寄主只有梨。

（1）症状表现

以成虫和若虫为害新梢叶片，被害叶片卷成筒状，常常是1个枝条上的叶片全部受害，致使新梢生长畸形，严重影响梨树生长发育。

（2）发生规律及特点

梨二叉蚜1年发生10余代，以卵在芽腋间、芽旁、果台或树皮缝隙内越冬。卵椭圆形，黑色有光泽。翌春梨树花芽膨大期开始孵化若虫。若虫深绿色，常群集在花芽露出的白色部位吸食汁液，待花芽开绽时钻入芽内为害，叶片展开后又转到叶片上为害。1 个芽旁常有几粒卵越冬，因此，该芽长出的嫩梢叶片全部受害。受害叶片向正面纵卷成筒状，蚜虫群居其中为害，并分泌黏液。在卷叶内可见到若虫的白色蜕皮。在河北梨产区，4 月下旬出现无翅胎生雌蚜，身体绿色或褐绿色，体被少量白色蜡粉，头小，腹部大，腹管较长，触觉、尾片、腹管、足跗节均为黑色。胎生雌蚜出现后即可大量胎生小蚜虫，5 月上中旬虫口密度最大，从远处即可明显看到受害枝条。5 月上中旬蚜群中开始出现有翅蚜，即胎生雌蚜，身体比无翅胎生雌蚜小，深绿色，腹部淡褐色或黄褐色，有褐色斑纹，具有 2 对透明的翅，前翅明显大于后翅，翅脉少而清晰。有翅蚜出现不久，即开始向其他寄主迁飞，5 月下旬是迁飞高峰，6 月中旬迁飞完毕。大量蚜虫迁飞到其他寄主上繁殖为害，此时在被害卷叶内已看不到蚜虫。10 月有翅蚜又陆续迁回梨树上，在产生有性蚜，交尾、产卵越冬。

（3）防治方法

防治该虫关键时期是越冬卵孵化期，即梨花芽膨大期，防治其他害虫的同时在叶面喷布蚧螨灵（机油）乳剂 80 ~ 100 倍液；20% 的杀灭菊酯乳剂 2500 ~ 3000 倍液。

6. 山楂叶螨

山楂叶螨又称山楂红蜘蛛。属蜱螨目叶螨科，是梨树主要害螨。

（1）症状表现

山楂叶螨在我国各梨产区都有发生，以辽宁、山东、河南及华北梨区发生普遍。成螨和若螨都可刺吸果树叶片，受害严重时叶片提早脱落，对梨树生长发育和果实产量、质量影响很大。

（2）发生规律及特点

山楂叶螨在河北中南部梨区，1 年发生 6 ~ 9 代，以受精雌成螨在树干翘皮下、粗皮缝隙内或树干根际的土缝内越冬。越冬雌成螨体鲜红色，卵圆形，常几头至几十头聚集在一起越冬。翌春梨花芽膨大期出蛰活动，盛花期出蛰盛期。出蛰后雌成螨爬到花芽上取食，花开放后，大部分转移到鳞片缝隙里或花柄、花萼等绿色部分为害，梨树展叶后为害叶片。雌成螨于梨树盛花期开始产卵，4 月中旬为产卵盛期。产卵于叶片背面。卵圆球形，表面光滑，初产时橙黄色，后变为橙红色。4 月中下旬出现第 1 代幼螨，5 月上旬（梨树盛花期 1 个月左右）为幼螨孵化盛期。从 6 月开始，叶螨种群密度增加较快，伴随者向树冠外围转移，常造成严重危害，出现提早落叶现象。螨

口密度大时，成螨常叶丝拉网，借以向其他树扩散。高温干旱有利于叶螨繁殖。

（3）防治方法

山楂叶螨防治关键时期是越冬雌成螨出蛰盛期和第1代幼螨孵化盛期。在河北中南部梨区及其以南的黄河故道地区，越冬数量少的情况下，防治关键时期应放在6月上中旬，即麦收前进行。根据不同时期选用不同的杀螨剂。越冬雌成螨出蛰期，可喷布95%的蚧螨灵（机油）乳剂80～100倍液，可兼治梨木虱和梨二叉蚜；0.3°～0.5°Be′石硫合剂；50%的硫悬乳剂200～300倍液。防治第1代幼若螨，可喷布50%的硫悬乳剂300倍液，50%的尼索朗乳剂2000倍液。麦收前，喷布40%的水胺硫磷乳剂2000倍液；50%的硫悬乳剂400倍液；73%的克螨特乳油2000～4000倍液；20%的双甲脒乳剂1500倍液。

（二）果实害虫

1. 梨大食心虫

梨大食心虫属鳞翅目螟蛾科，是梨树的主要食心虫之一。我国各梨产区都有发生，以北方梨区发生普遍。

（1）症状表现

小幼虫从梨芽的基部蛀入，啃食生长点或花器，使梨芽枯死，鳞片开裂，蛀孔处堆有虫粪，果农俗称“破头芽”或“虫花芽”。幼虫蛀果时，蛀孔较大，而且直达果心，食害种子，蛀孔处也堆有虫粪。老熟幼虫在被害果中化蛹前，小咬好羽化道，吐丝将果柄缠在果台上，使被害果变黑并留在树上，果农俗称为“吊死鬼”。

（2）发生规律及特点

梨大食心虫在各梨区发生世代数，因地理气候条件不同而异。在吉林延边1年发生1代；河北北部及辽宁西部发生1～2代；河北中南部发生2代；河南郑州发生2～3代。无论1年发生几代，均以幼龄幼虫在梨芽（主要花芽）内结白色薄茧越冬，被害芽瘦小干缩，外部有一个很小的虫孔。翌年梨花芽膨大期，幼虫从越冬芽钻出，转移到另一健芽上为害，该期叫转芽期。转芽期可见到的幼虫红褐色，体长仅3～4 mm。幼虫转入新芽后，即在鳞片内咬食为害，蛀孔外边常堆有少量缠有虫丝的碎屑堵塞蛀孔。个别幼虫蛀入芽心为害，被害芽枯死，幼虫第2次转移。第2次转芽的幼虫只在花丛基部为害，并吐丝缠绕鳞片，梨落花时鳞片不脱落。幼虫转芽期是年生活史中第 1 次暴露期，是药剂防治有利时期。但幼虫转芽期早晚在各梨区不同，在河南郑州为 3 月上旬，河北中南部为 3 月下旬，河北北部及辽西地区为 4 月上旬。在花芽膨大期应选定虫芽定期调查幼虫转芽情况，以便及时进行药剂防治。

当幼果生长至拇指大小时，幼虫转移到果实上为害，该期叫转果期。这是幼虫第 2 次暴露期，也是第 2 次防治的有利时机。幼虫蛀入果内食害，在蛀孔处有很多虫粪，在果内取食 20 多天后变老熟。老熟幼虫体长 17 ~ 20 mm，暗红褐色或暗绿色。化蛹前在蛀果孔内吐丝做羽化道，并在果柄基部吐丝将被害果缠于果枝上，被害果不易脱落，此时果实直径已达 20 ~ 30 mm，幼虫在被害果内化蛹。蛹体长约 12 mm，初为碧绿色，后变为黄褐色。蛹期 8 ~ 11 d。各地成虫发生时期不同。河南郑州及河北中南部在 5 月下旬至 6 月下旬，河北北部及辽西地区在 6 月上旬至 7 月上旬，吉林延吉地区在 7 月中旬。此时常发现皱缩变黑的被害果，其中的幼虫大多已化蛹，如果被害果全部干缩，其中无蛹，说明成虫已羽化飞出。成虫是中等大小的蛾子，体长 10 ~ 12 mm，翅展 24 ~ 26 mm，暗灰褐色（图 9-3）。成虫有趋光性，白天静伏，傍晚活动，交尾产卵。卵多产于果实萼洼、芽旁及果台枝粗皮处，产卵 1 ~ 2 粒/处。卵椭圆形，稍扁平，初为黄白色，后变为红色。卵期 5 ~ 7 d。产在果实上的卵，孵出的幼虫直接害果，产在芽旁的卵，幼虫孵化后先害芽，后害果。幼虫在果实内老熟后化蛹其中，此时被害果蛀孔周围容易变黑腐烂。1 年发生 1 代的地区，幼虫孵化后为害 2 ~ 3 个芽即开始越冬。

（3）防治方法

结合冬剪，剪掉越冬虫芽，或用手掰掉虫芽。采摘虫果，放在铁丝网里，网眼大小以使梨大食心虫成虫飞不出为宜，待寄生蜂（蝇）羽化飞出后，将梨大食心虫成虫消灭。在越冬幼虫转芽期和转果期喷布 50% 的杀螟松乳剂 1000 倍液；20% 的杀灭菊酯乳剂 2500 倍液；90% 的敌百虫晶体 1000 倍液。

2. 梨小食心虫

梨小食心虫属鳞翅目小卷蛾科，是世界性果树害虫。我国除西藏外，各地区都有发生，尤以华北、华中发生普遍，为害严重。

（1）症状表现

梨小食心虫主要为害果实，在果实上常由萼洼处蛀入，蛀果孔小，周围

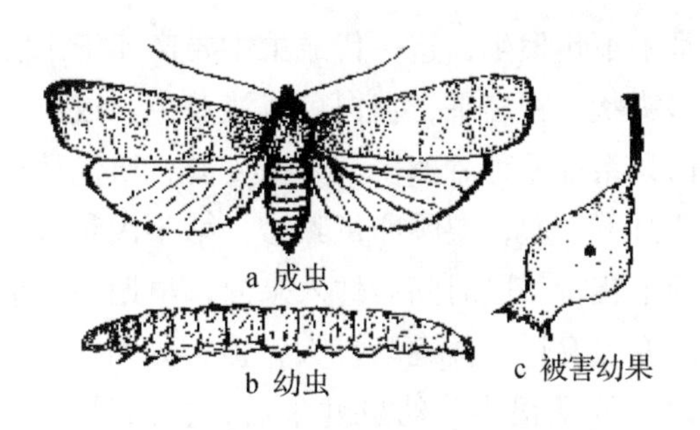

图 9–3　梨大食心虫

微凹陷，不变绿色，以后蛀孔外排出较细虫粪，周围变黑，蛀入果心后，果肉及种子被害处留有虫粪。果面有较大脱果孔。另外，还为害桃树的新梢，使其萎蔫枯死，俗称截梢虫。

（2）发生规律及特点

梨小食心虫在我国各地发生代数不同。在辽宁西部及华北地区 1 年发生 3～4 代，在内蒙古巴盟地区和山东发生 4 代，黄河故道和陕西关中地区发生 4～5 代，苏北 5 代，四川蓬溪 5～6 代，江西南昌 6 代，广西 7 代。无论发生几代，都以老熟幼虫在树干基部的土中或树干翘皮下、粗皮缝、枯枝落叶等隐蔽处做白色长茧越冬。上年虫果多，落果严重的树，在土中越冬的幼虫较多，贮藏库或包装物上也有幼虫越冬。桃梨混栽果园，在梨树上越冬的多。桃梨毗邻的果园，以梨园越冬者较多。第 2 年春季，当连续 7 d 日平均气温达到 5 ℃时，越冬幼虫开始化蛹；连续 10 d 日平均气温达 7～8 ℃时，成虫开始羽化；连续 5 d 日平均气温达 11～12 ℃，成虫羽化进入高峰。在华北地区，越冬幼虫于 3 月下旬至 4 月初开始化蛹，4 月中旬或下旬为成虫羽化高峰。辽西地区，4 月下旬出现成虫，5 月下旬至 6 月上旬成虫发生盛期，成虫体长 4. 6～6. 0 mm，翅展 10. 6～15. 0 mm，体灰褐色，无光泽（图 9–4）。白天不活动，傍晚开始飞行、交尾和产卵。成虫羽化后 1～3 d 开始产卵，产卵适宜气温在 13. 5 ℃以上，低于此气温不产卵。成虫对糖醋液有很强趋性，尤其是交尾后的雌成虫趋性更强。在桃梨混栽或桃梨毗连的梨园，成虫喜在桃树上产卵，卵产于新梢顶部叶片上，幼虫孵化后蛀入桃梢为害，可为害 1～3 个桃梢，老熟后化蛹。6 月发生第 1 代成虫，成虫仍产卵于桃梢上。在单植梨园，这两代成虫大部分产卵于梨新梢叶片或被梨大食心虫、梨象鼻虫为害过的果实上。梨生长前期，幼虫不宜蛀入，成活率亦低。

第2代成虫于7月中下旬发生，这一代成虫主要产卵于果实上，卵大多产在果实胴部。卵似馒头状，稍扁平，黄白色或淡黄色。成虫产卵对梨品种具有一定的选择性，白梨系统品种着卵多，尤以皮薄、质优品种受害重，西洋梨品种受害轻。从7月下旬起，梨园卵量骤增，第3代卵量是全年最高峰。幼虫孵化后，在果面上爬行一段时间后蛀入果内，早期的蛀果孔较大，并有虫粪排出，蛀孔周围变黑腐烂，并逐渐扩大，被害处略呈凹陷，有“黑膏药”之称。后期蛀果时，蛀孔很小，幼虫蛀果后，直向果心蛀食，果面并不凹陷。幼虫在果内取食并排粪其中，20 d左右，幼虫老熟后化蛹，脱果孔较大且明显，被害果提前脱落。老熟幼虫体长10～13 mm，黄白色或粉红色。第3代成虫于8月出现，仍产卵于果实上，幼虫继续为害果实。8月下旬至9月幼虫老熟后脱果寻找越冬场所。为害梨果的两代幼虫有世代重叠现象，蛀果晚的幼虫在果实采收时仍未老熟，因此，随果实入库，在贮藏期脱果。

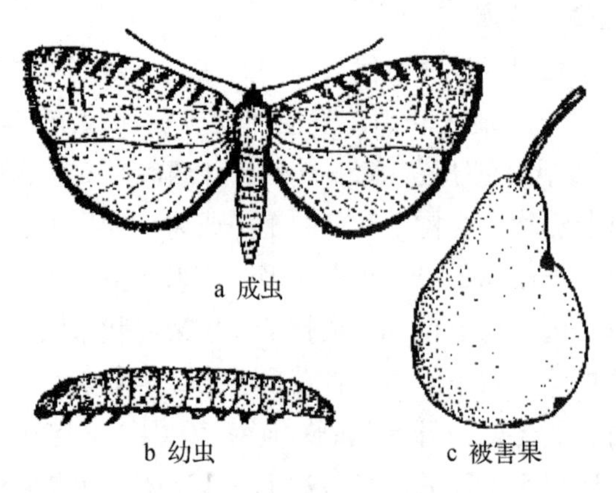

图9-4　梨小食心虫

（3）防治方法

梨小食心虫药剂防治时期是各代成虫产卵盛期和幼虫孵化期。在桃梨混栽或桃梨毗连的果园，第1代、第2代卵发生期，主要在桃树上防治；第3代卵和幼虫发生期，即7月中下旬，重点在梨树上喷药。单植梨园，根据不同品种进行防治。早熟或中熟品种，从第2代发生期开始用药；晚熟品种在第3代卵期开始用药。药剂防治最佳时期应根据田间卵量来确定：用梨小食心虫性外激素诱捕器捕雄蛾。诱捕器用1个小橡皮塞注入一定量的性外激素做诱芯和1个水碗做成。从越冬代成虫发生期开始，将诱捕器挂在树上，高1.5 m，每天检查诱到成虫数量。当成虫发生高峰后4～5 d，便是成虫产卵

高峰，即喷药最佳时期。无性外激素诱捕器时，在成虫发生期调查卵果率。在果园采用对角线取样法，每个果园调查 10 株树，每树在不同方位调查 200 个果，记载其上的卵数，当卵果率达 0.5%～1.0% 时开始喷药。在华北地区，梨园第一次喷药在 7 月中下旬。可选用 50% 的杀螟松乳剂 1000 倍液；20% 的杀灭菊酯乳剂 2000～2500 倍液；2.5% 的溴氰菊酯乳剂 3000 倍液；2.5% 的功夫菊酯乳剂 3000 倍液；5% 的来福灵乳剂 3000 倍液。菊酯类农药不应连续使用，应交替轮换使用。晚熟品种在 9 月还需防治 1 次。

3. 桃小食心虫

桃小食心虫又叫桃蛀果蛾，属鳞翅目蛀果蛾科，是辽宁西部和河北北部梨树主要食心虫之一，亦是苹果主要害虫。

（1）症状表现

桃小食心虫以幼虫蛀果为害，幼虫在果内纵横串食，直到果心食害种子，并排粪于果内，俗称“豆沙馅”。被害果提早变黄脱落。管理粗放果园受害严重，山地果园比平地果园发生多。

（2）发生规律及特点

桃小食心虫在辽西地区 1 年发生 1 代，河北北部梨区 1 年发生 1～2 代，均以老熟幼虫在树下土中结扁圆形茧（冬茧）越冬，以树干周围半径 0.7～1.0 m 范围内、土深 3.5 cm 处最多，有些茧附着在根茎的粗皮缝隙内。在河北梨区，越冬幼虫于 5 月下旬开始出土，6 月中下旬为出土盛期，幼虫出土期和出土数量与土壤湿度有密切关系，降雨后有大量幼虫出土。出土幼虫爬向树干基部附近的砖、石缝、土缝、草根旁等处吐丝结纺锤形茧化蛹，此时虫茧称蛹化茧或夏茧。成虫出现于 6 月下旬，盛期在 7 月中下旬。在辽西梨区，越冬幼虫于 6 月下旬出土，盛期在 7 月中下旬，8 月上中旬结束。7 月下旬出现成虫，盛期在 7 月下旬末至 8 月上旬。成虫是体长 7～8 mm，翅展 16～18 mm 的小型蛾子。身体灰白色或浅灰褐色，触角丝状，前翅中部靠前缘有一个近似三角形的蓝黑色大斑块。成虫多在傍晚羽化，夜间活动，交尾产卵。卵深红色，圆桶形，顶端环生 2～3 圈刺状物。卵散产于果实萼洼处，卵期 7～8 d。初孵幼虫体长约 1.2 mm，头部黑褐色，胴部粉红色，现在果面上爬行，然后蛀入果内，蛀果后幼虫变为乳白色。蛀果孔很小，不易发现，1～2 d 后从蛀孔处流出白色果汁，形成 1 个白色小圆点似泪珠状。幼虫在果内取食为害 25～28 d 后便老熟脱果。老熟幼虫体长 12～15 mm，头部黄褐色，胴部桃红色（图 9-5）。7 月下旬至 8 月上旬脱果的幼虫，在土、石块下，草根等隐蔽处做纺锤形夏茧化蛹，再羽化为成虫发生第2代，第2代幼虫继续为害果实，老熟后脱果做冬茧越冬。8月中旬以后脱果，不再发生第2代，直接做冬茧越冬。

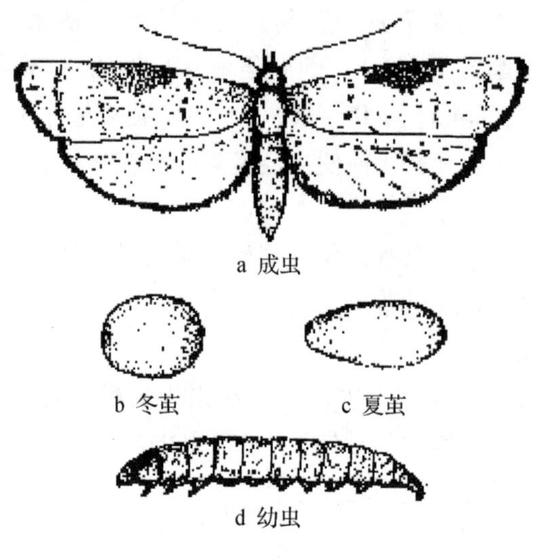

图9–5　桃小食心虫

（3）防治方法

①地面处理。当田间性外激素诱捕器连续2～3 d都诱捕到成虫时，先对树盘锄草或松土后，喷施25%的辛硫磷胶囊水悬乳剂200～300倍液，待地面药液干后浅锄1遍；虫口密度大时，隔15 d再喷1次。地面有一定湿度的果园，可施用病原线虫60～80万条/m^2，或用白僵菌8 g/m^2与辛硫磷微胶囊悬乳剂0.3 mL/m^2混合液喷洒树盘。

②树上防治。当田间性激素诱捕器连续3 d诱捕到雄蛾时，开始田间卵果率调查。具体方法是果园每个品种按5%～10%的比例取样选树，每株树按东西南北中5个部位调查25～50个果。每隔1～2 d用手持放大镜观察萼洼、萼片有无卵。当卵果率达1%以上时，喷施25%的灭幼脲3号1000倍液、20%的杀铃脲悬乳剂6000～8000倍液或48%的毒死蜱乳油1500～2000倍液。

③农业防治。摘、拣虫果深埋或果实套袋均有良好效果。

4. 梨象鼻虫

梨象鼻虫又称梨虎、梨象甲，俗称梨狗子，属鞘翅目象虫科。以山区、

丘陵岗地为害较重。除为害梨外，还为害苹果、桃、李、枇杷等果树。

(1) 症状表现

成虫、幼虫均可为害。主要为害果实，梨芽萌发抽梢时，成虫取食嫩梢、花丛成缺刻。幼果形成后即食害果实成宽条缺刻，并咬伤果柄。产卵于果内。幼虫孵出后在果内蛀食，造成早期落果，严重影响产量。成虫体长12~14 mm，紫红色有金属光泽。体密生灰色短细毛。头部向前延伸成管状，似象鼻。前胸背板有不很显著的“小”字形凹陷纹。老熟幼虫长约12 mm，黄白色，体肥厚，略弯曲，无足，各体节背面多横皱，且具微细短毛。卵长1~5 mm，椭圆形，乳白色。蛹长椭圆形，长7~8 mm，初乳白色，近羽化时淡黑色。

(2) 发生规律及特点

梨象鼻虫1年1代。以新羽化的成虫在树干附近土中7~13 cm深处的蛹室中越冬。亦有少数以老熟幼虫越冬。越冬幼虫翌年在土中羽化为成虫，第2年出土为害。4月上旬梨树开花时开始出土为害，梨果拇指大时数量最多。食花果，经1~2周，5月上旬交尾、产卵。卵期前后达2个月。5月中、下旬为盛期。产卵时先把果柄基部咬伤，然后在果面上咬一小孔产卵，并分泌黏液封闭孔口。产卵处呈黑褐色斑点。产卵1~2粒/果。一雌虫最高可产卵150粒左右，卵1周左右孵化。幼虫于果内蛀食。果皮皱缩显畸形，不久被害果脱落，以产卵后10~20 d脱落率最高。幼虫继续在落果中蛀食，老熟后脱果入土，做土室化蛹。一般6月下旬始入土，7月下旬开始化蛹，9月陆续羽化，在蛹室内越冬。成虫有假死习性。

(3) 防治方法

5—6月利用成虫假死习性，在树下人工捕杀。特别是在降雨之后。6—7月及时拣拾地上落果并打落被害果，消灭幼虫。3月上、中旬成虫出土初期，于树冠下地面撒施25%的西维因可湿性粉剂或敌百虫。用0.75~1.00 kg药拌15~20 kg细土制成毒土，触杀出土成虫。成虫发生盛期，每隔10~15 d喷药1次，连续2次。可用80%的敌敌畏800~1000倍液、50%的磷胺乳剂2000倍液、90%的敌百虫1000倍液，或杀螟松1000倍液。5月上、中旬重撒1次毒土。

5. 梨圆蚧

梨圆蚧又名梨枝圆盾蚧，为害多种果树，全国各地均有分布。

（1）症状表现

枝条上常密集许多介壳虫，被害处呈红色圆斑，严重时皮层爆裂，甚至枯死。果实受害后，在虫体周围出现一周红晕，虫多时呈现一片红色，严重时造成果面龟裂，从而降低商品价值。红色果实虫体下面的果面不能着色，擦去虫体果面出现许多小斑点。

（2）发生规律及特点

在北方一年发生2～3代。以2龄若虫和少数雌成螨附着在枝条上越冬。翌年果树开始生长时，越冬若虫继续为害。成蚧可两性生殖，也可孤雌生殖。成蚧直接产卵于介壳下，喜群集阳面，2～5年生枝条被害较多。

（3）防治方法

①农业防治。刮刷枝条上的害虫及裂皮，剪除害虫集中的树枝，集中销毁；加强苗木检疫；果实套袋时，注意扎紧袋口，防止若虫爬入袋内为害。

②药剂防治。要抓住两个关键时期：一是果树发芽前，用95%的机油乳剂80倍液，或3°～5°Be′石硫合剂喷布；二是在若虫爬行期到固定前，选用10%的吡虫啉可湿性粉剂4000倍液，40.7%的毒死蜱乳油1000倍液等。

6. 梨实蜂

梨实蜂属于膜翅目叶蜂科。在我国北方梨区普遍发生，以华北平原梨区受害较重。

（1）症状表现

梨实蜂只为害梨，以幼虫蛀食花萼和幼果。数量大时，1个花丛的每朵花中都有幼虫蛀食，甚至1朵花中有2～3只幼虫，常造成大量落花落果。

（2）发生规律及特点

梨实蜂1年发生1代，以老熟幼虫在土中结茧越冬，在树干半径1 m范围内的土中最多。越冬幼虫在梨树芽萌动期开始化蛹，花蕾期成虫羽化出土，此时正是杏树开花期。梨盛花初期是成虫羽化盛期，落花前成虫羽化结束。成虫是小型蜂类，体长约5 mm，全体黑色，触角丝状，翅透明，足大部分黄色。成虫日间活动，有假死习性。天气晴朗时喜在梨花中或梨花上爬行或飞舞。早晚或阴雨低温天气常静伏于花中或花萼下。在梨树开花前羽化的成虫，大多集中在梨园附近的杏树、李树等早花果树上栖息取食，但不产卵。梨花开放时，大部分转移到梨树上取食并产卵。早花品种着卵量大。卵产于花萼组织内，一般1花内产卵1粒，也有产2～3粒者。产卵的花萼上有1个小黑点，是成虫产卵时分泌的黑色黏液，剖开小黑点即可见到卵。卵

长椭圆形，白色。卵期1周左右。在河北梨区，幼虫于4月下旬开始孵化，先在萼片基部串食，被害处变黑，剖开即可见到体长仅1 mm左右的白色小虫。幼虫稍大后即蛀入幼果，被害果易脱落。幼虫一生为害2～4个幼果，老熟后随被害果落地脱果，入地结茧进入休眠状态。老熟幼虫体长9 mm，淡黄白色，体略向腹部弯曲。

（3）防治方法

①摘除被害花和花萼。梨实蜂成虫在花蕾上产卵，被害花蕾出现隆起的小黑点。根据这一特点，在卵花率低时，摘除有卵花；在有卵花多时，摘除花萼。摘花萼应尽早进行，若幼虫进入果内就失去防治作用了。

②捕杀成虫。梨实蜂成虫具有假死性，早晚气温低时不活动，栖息于花心或花萼下方，利用这一习性，在每天早、晚选开花的梨树振动，捕杀落地成虫。

③地面防治。在成虫大量出土前和幼虫脱果前，在树冠下喷50%的辛硫磷200倍液，喷药液50～100 kg/亩，然后浅中耕，把药混入土中，毒杀出土成虫和越冬幼虫。

④喷药防治。应掌握时机与浓度，避开盛花期。在梨花含苞至初花期，喷20%的辛硫一灭扫利2000倍液，防治成虫；在终花期或落花后，可再喷1次20%的灭多威2000倍液或20%的辛硫一灭扫利2000倍液，防治幼虫。

7. 梨黄粉蚜

梨黄粉蚜属同翅目根瘤蚜科，是梨树的主要蚜虫。在我国各梨产区都有发生。

（1）症状表现

梨黄粉蚜以成虫和若虫集中在果实萼洼处取食为害。被害处产生黑色斑点，斑点迅扩展，形成龟裂的大黑疤，从而失去商品价值。

（2）发生规律及特点

梨黄粉蚜在各梨区的发生代数不同，一般为1年5～10代。以卵在枝干的粗皮缝内越冬。卵淡黄色，椭圆形，长0.3 mm左右。第2年梨树开花时越冬卵开始孵化，若虫在越冬处取食嫩皮，1龄幼虫是其爬行扩散期，2～4龄以后基本不活动。每繁殖一代，若虫都要逐步向树冠外部扩散。在河北梨区，6月下旬若虫向果实上转移，7月上旬出现大量被害果。果实近成熟期受害较重，被害部位变褐腐烂。果实套袋时将若虫套在其中，受害更重。若虫群集在果实萼洼处取食，发育为成虫后，继续在此处产卵繁殖，此时可见到成虫、卵和若虫聚集在一起，似黄粉状，故称黄粉虫。若虫淡黄色，身体短圆形。成虫黄色，卵圆形，身体前端宽，后端尖细，体长 0. 7 ~ 0. 8 mm，无翅、无腹管。

（3）防治方法

①农业防治。结合冬季修剪刮除翘皮及枝干上的附着物，集中烧毁，以清除越冬卵；有梨黄粉蚜为害果园，要严禁采接穗，果筐等采收工具要专用。

②化学防治。在梨树花芽萌动前，用 3° ~ 5° 的 Be′石硫合剂喷洒树冠，可有效防除越冬卵及 1 代若虫。6 月上旬、下旬和 7 月中旬选用 0. 5° 的 Be′石硫合剂或 2. 5% 的敌杀死 4000 倍液或 50% 的抗蚜畏 2500 倍液或 21% 的灭杀毙 3000 倍液分别喷药 1 次，可降低烂果率在 10% 以下。过晚则由于黄粉蚜已进入梨萼洼处等隐蔽场所，防效较差。

8. 茶翅蝽

茶翅蝽属半翅目蝽科，是为害梨果实的主要害虫。我国各梨区都有分布，以东北和华北梨区发生较多。

（1）症状表现

茶翅蝽以成虫和若虫均吸食嫩叶、嫩茎和果实的汁液，严重时形成叶片枯黄，提早落叶，树势虚弱。被害嫩梢中止成长，果实受害部分中止发育，形效果面凹凸的“疙瘩果”。对套塑膜袋和纸袋的果实亦有一定为害，严重影响果实质量及外观。

（2）发生规律及特点

茶翅蝽 1 年发生 1 代，以成虫在屋檐下、椽缝、墙基等隐蔽处越冬。成虫体长 15 mm 左右，宽约 8 mm，略扁，呈椭圆形，全体茶褐色，有的个体深褐色（图 9-6）。在河北省中南部梨区，成虫于 4 月下旬出蛰活动，盛期在 5 月上中旬。出蛰后成虫，多集中在桃、杏等早花果树上栖息取食，5 月下旬转移到梨树上刺吸幼果，造成危害。幼果被害处组织木栓化，停止生长，随着果实生长，形成凹秃不平的“鬼头梨”，成虫清晨不善活动，受振即落地，一般在晴天中午活动，飞舞并交尾。成虫于 6 月上旬开始产卵，卵白色，短圆桶形，顶部环生一圈小刺，近孵化时变灰褐色。卵多产于叶背，20 多粒排列成块状。卵期 5 ~ 6 d。若虫在 6 月中旬孵化，初孵若虫圆形，黑褐色。1 龄若虫静伏于卵壳周围，2 龄以后开始分散，比较活泼，大多集中在果实上取食。此时果实进入膨大期，被害状不如前期成虫为害明显，但

果实表面仍出现凹凸不平的被害症状。越冬成虫出蛰期不一致，到8月仍有越冬成虫产卵。9月开始，成虫飞向越冬场所越冬。

（3）防治方法

在越冬成虫出蛰期或果实采收期成虫飞向越冬场所时，在果园内的房屋上进行人工捕杀成虫；越冬成虫出蛰后，在房屋周围或靠近村边梨树、桃树上喷药防治。在6月中旬卵孵化期喷施20%的杀灭菊酯乳剂3000倍液、50%的杀螟松乳油1000倍液，具有较好的防治效果。

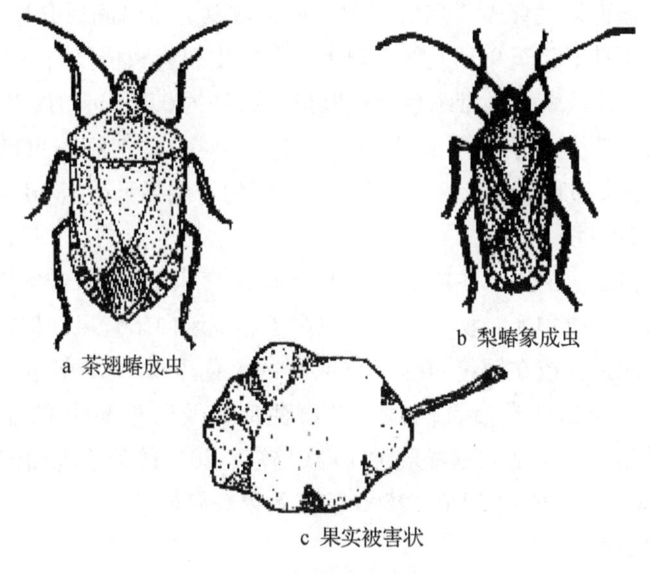

图9–6　茶翅蝽、梨椿象

9. 梨蝽象

梨蝽象属半翅目异蝽科。在我国各梨区都有分布，尤以辽宁、河北、山西、陕西等地发生普遍，山地果园受害较重。

（1）症状表现

梨蝽象成虫和若虫都可吸食芽、叶、花、嫩枝和果实的汁液，果实受害最重。受害果发育畸形，果肉粗糙坚硬，失去食用价值。虫口密度大时，枝、叶受害亦重，导致枝叶干枯，树势衰弱。

（2）发生规律及特点

梨蝽象1年发生1代，以2龄若虫群集在树干和主、侧枝的裂缝、粗皮下或树洞内越冬。越冬若虫体长2～3 mm，身体扁平，黑褐色，有斑纹，触角丝状，4 节，无翅。第 2 年梨芽萌动后，越冬幼虫开始出蛰活动，先在越冬场所附近的梨树上吸食新梢后，逐渐分散到枝梢上取食为害。5 龄若虫触角 5 节，形似成虫，但翅尚未发育完全。6 月上旬成虫开始羽化，羽化盛期在 7 月中旬，成虫体长 10 ~ 13 mm，宽约 5 mm，体扁，长椭圆形，灰绿色至灰褐色，头淡褐色，触角丝状，5 节，前胸背板、中胸和小盾片上有褐色刻点（图 9–6）。天气炎热时，若虫和成虫群集在树干或主枝阴面或树洞内静止不动，在傍晚气温较低时分散活动，取食为害。成虫除为害枝条外，还为害果实，被害果发育成"疙瘩"梨。成虫取食一段时间后开始交尾产卵，产卵盛期在 8 月下旬至 9 月上旬，卵多产在树皮裂缝和枝杈处，偶有产在叶和果实上者。卵淡黄，稍带绿色，椭圆形，直径约 0. 8 mm，常 20 ~ 30 粒排成卵块，其上覆盖一层透明胶质物，9 月上旬孵化。初孵若虫椭圆形，黑色，2 龄若虫头部暗褐色，腹部黄色。9 月下旬若虫寻觅适当场所潜伏越冬。

（3）防治方法

冬春刮树皮，消灭越冬成虫。高温季节中午利用梨椿象群集树干阴凉面的习性，用火烧或拍死。秋、春季节在房子、围墙向阳背风处捕捉越冬出蛰的黄斑椿象成虫，或在栖集周围喷洒 40% 的氧化乐果 1000 倍液消灭。在花前花后及若虫开始活动后及高温季节群集时，及时喷 90% 的晶体敌百虫 600 ~ 800 倍液、50% 的杀螟松乳油 1000 倍液、20% 的菊杀乳油 1500 ~ 2000 倍液，2. 5% 的功夫乳油 2000 ~ 2500 倍液效果最好。

10. 梨实蝇

梨实蝇属双翅目实蝇科。在我国云南省部分梨区为害严重，当地果农称为梨蛆。在贵州、广西、台湾亦有分布，是一种亚热带性害虫。

（1）症状表现

梨实蝇以幼虫为害近成熟的果实，除梨外，桃也是其重要寄主。在桃、梨混栽或桃梨毗连的果园或品种土改、成熟期不一致的果园，果实受害更重。

（2）发生规律及特点

梨实蝇在昆明地区 1 年发生 3 代，以蛹在树冠下的土中越冬，入土深度 5 ~ 15 cm。翌年 5 月上旬开始羽化成虫，盛期在 6 月上旬。第 1 代幼虫在 6 月下旬至 7 月上旬为害晚熟桃和早熟梨果实。第 2 代成虫发生始期在 7 月中旬，盛期在 8 月上旬，幼虫主要为害梨果。第 3 代成虫发生在 9 月中旬，幼虫继续为害梨。老熟幼虫脱果入土化蛹。成虫体长为 9. 0 ~ 8. 5 mm，头褐

色，复眼深绿色，胸部背面黑色，两侧各有 1 条黄色纵带，中胸小盾片黄色。翅透明，前缘和臀室处有褐色斑纹。腹部黄色，有 3 条褐色横带和 1 条中间纵行带。成虫在 12：00—14：00 时羽化最多。产卵时先在果实上爬行，然后用产卵管刺破果皮，产卵其中。卵乳白色，长约 2 mm，两侧略尖，中间微弯，一般 3 ~7 粒排列整齐。果实产卵痕处流出少量汁液，以后此处呈褐色至黑色。孵化后幼虫即在果内蛀食，经过 3 个龄期。初孵幼虫乳白色，老熟后变成乳黄色，前端尖，后端平截。被害果极易腐烂，提前脱落。老熟幼虫从果中脱出，一般在落地果周围 30 ~50 cm 范围内的土中化蛹。蛹体长约 4. 5 mm，初为鲜黄色，渐变深褐色。

（3）防治方法

避免桃梨混栽或两种果树毗连栽植。栽培品种的成熟期尽量一致，避免早、中、晚熟品种在同一园栽培。进行果实套袋，以防止成虫产卵。即使采摘虫果和捡拾落地虫果，将其深埋，消灭其中的幼虫。药剂防治的关键时期是成虫产卵期，喷 80% 的敌敌畏乳剂 1000 ~1200 倍液，5% 的来福灵（顺式氰戊菊酯）乳油 3000 倍液。在虫口密度大时，在可幼虫大量脱果入土期实施地面施药，杀死脱果幼虫。常用药剂有 50% 的巴丹（杀螟丹）可溶性粉剂 1000 倍液，50% 的辛硫磷乳油或 48% 的毒死蜱乳油 300 倍液。

（三）枝干害虫

1. 梨金缘吉丁虫

梨金缘吉丁虫属鞘翅目吉丁虫科，是梨树枝干的主要害虫。全国各梨区都有发生，管理粗放的老梨园为害较重。

（1）症状表现

梨金缘吉丁虫幼虫于枝干皮层内、韧皮部与木质部间蛀食，被害处外表常变褐至黑色，后期常纵裂，削弱树势，重者枯死，树皮粗糙者被害处外表症状不明显；成虫少量取食叶片为害不明显。

（2）发生规律及特点

梨金缘吉丁虫 1 ~2 年完成 1 代，以不同年龄期幼虫在被害枝干的皮层下或木质部的蛀道内越冬。幼虫身体扁平，乳白色，头小，前胸膨大，腹部细长，老熟时体长 30 ~35 mm。翌年梨树开花时，未老熟幼虫继续在蛀道内为害，隧道内充满褐色虫粪。河北省中南部梨区，幼虫于 4 月下旬开始化蛹，5 月中旬为化蛹盛期。同时出现成虫，成虫羽化盛期在 5 月下旬至 6 月初。成虫体长 15 ~ 17 mm，体坚硬，扁平，头小，触角锯齿状，腹部末端尖细。全体翠绿色，有金属光泽，前胸背板两侧和鞘翅两侧有晕红色纹带，梨金缘吉丁虫由此而来。成虫羽化与湿度关系密切，每当雨后就有大量成虫羽化。成虫多在白天活动，有假死习性，特别是清晨日出前，受惊扰即落地。成虫喜食嫩叶，但不造成危害，取食一段时间后开始产卵，卵多产于主干、主枝或 2 年生枝条上，以主干、主枝上的伤口和粗皮缝隙处产卵较多。卵椭圆形，长约 2 mm，乳白色。田间卵发生盛期在 6 月上中旬。幼虫孵化后在皮层蛀食，随虫龄增大蛀食部位加深，可深达韧皮部、形成层或木质部。被害处外表变褐至黑色，后期纵裂。当年孵化的幼虫，只在绿色皮层内为害。

（3）防治方法

利用成虫假死性，在早晨进行人工捕杀；成虫发生期喷 80% 的敌敌畏乳剂 1000 倍液；20% 的杀灭菊酯乳剂 3000 ~ 4000 倍液。此外，还可利用 80% 的敌敌畏乳剂加 20 ~ 40 倍煤油涂刷虫斑，杀死幼虫。

2. 梨瘤蛾

梨瘤蛾属鳞翅目华蛾科，是梨树枝条的常见害虫。在我国大部分梨区都有分布，以辽宁、河北、山西、山东等梨区发生普遍，管理粗放梨园受害严重。

（1）症状表现

梨瘤蛾以幼虫在当年生枝条内蛀食，受害部位组织膨大，形成瘿瘤。一个枝条上有几头幼虫为害时，形成连串的瘿瘤，形如“糖葫芦”（图 9-7）。受害严重的树，新梢生长受到抑制，以致不能开花结果。

（2）发生规律及特点

梨瘤蛾 1 年发生 1 代，以蛹在被害枝条的瘿瘤内越冬。河北省中南部梨区，在 3 月上旬梨花芽膨大期成虫开始羽化，羽化盛期在 3 月中旬。辽西梨区成虫在 3 月下旬至 4 月上旬开始羽化，4 月上旬末为羽化盛期。成虫是灰褐色小型蛾子，体长 5 ~ 8 mm，翅展 12 ~ 17 mm，前后翅缘毛很长。成虫一般在晴天无风下午活动，傍晚比较活跃，绕树飞舞交尾产卵。卵散产在芽缝等处。卵圆柱形，长约 0. 5 mm，宽约 0. 3 mm，橙黄色。河北省梨区 3 月下旬为产卵盛期，辽西梨区为 4 月上中旬。卵期约 20d，当梨树抽生新梢后，开始孵化。初孵幼虫比较活泼，寻找适当部位蛀入新梢为害，到 5 月下旬或 6 月中旬，被害部位逐渐膨大成瘿瘤。幼虫在瘤内串食。排粪便于其中。至 9 月，幼虫老熟，在化蛹前将虫瘤咬一羽化孔，然后越冬。

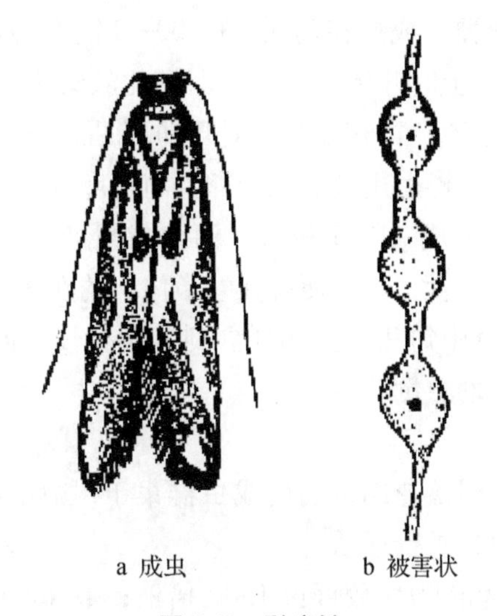

图 9–7　梨瘤蛾

（3）防治方法

结合梨树修剪，剪除虫瘿枝条集中烧掉。虫瘤枝太多，全部剪掉会影响果树生长时，进行疏剪。成虫发生期喷 50% 的对硫磷乳剂 1500 倍液；40% 的乐果乳剂 1500 倍液。虫口密度大时，在幼虫孵化期再喷 1 次药剂。

3. 梨茎蜂

梨茎蜂俗名折梢虫，属膜翅目茎蜂科，是梨树的常见害虫。在我国各梨产区都有发生，管理粗放的梨园受害较重。

（1）症状表现

梨茎蜂成虫和幼虫危害嫩梢和 2 年生枝条，成虫产卵高峰在中午前后，先以产卵器将嫩梢锯断成一断桩，留一边皮层，使断梢留在上面，再将产卵器插入断口下方 1 ~ 2 cm 处产卵 1 粒，在产卵处的嫩茎表皮上不久即出现一黑色小条状产卵痕，卵所在处表皮隆起，锯口上嫩梢产卵后 1 ~ 3 d 凋萎下垂，变黑枯死，遇风吹落，成为光秃枝。也有嫩梢切断而不产卵的，一般以枝顶梢及顺风向处最易受害。

（2）发生规律及特点

梨茎蜂 1 年发生 1 代，以老熟幼虫或蛹在 2 年生枝条内越冬。河北省梨区，成虫于 4 月上中旬羽化，辽西梨区成虫羽化期在 4 月下旬。成虫为体长约 10 mm 的小型蜂类，全身黑色有光泽，触角丝状，翅透明，足黄色，雌虫有明显的锯状产卵器。成虫在晴天10：00—14：00最活跃，常群飞。一般在新梢抽生6 cm以上时开始产卵，产卵期比较集中，为4～5 d。卵产于嫩梢组织中，产卵处有1个小黑点，剖开即可见到卵，卵长椭圆形，略弯曲，白色透明。成虫产卵后用其锯状产卵器将产卵处的上方锯伤，不久被害梢端部枯萎并脱落，形成一个小枝橛。河北省梨区，幼虫于4月中下旬孵化，沿新梢髓部向下蛀食，将粪便排在蛀道内，约在5月下旬，幼虫蛀食到2年生枝条附近，6月中旬几乎全部蛀食到2年生枝条内。此时，幼虫已接近老熟。越冬前老熟幼虫倒转身体。

（3）防治方法

①捕杀成虫。梨树落花期，利用成虫群集于树冠下部叶片背面的习性，摇动树枝，振落成虫，进行捕杀。

②落花后及时喷布90%敌百虫1500倍液；或40%的氧乐果乳油1000倍液防治梨蚜时兼治。

③幼虫为害的断梢脱落前易于发现，及时剪掉下部短橛。冬剪时，注意剪掉干橛内的老熟幼虫。

④悬挂粘虫板。梨树初花期，悬挂黄色双面粘虫板12块/亩，均匀悬挂于1.5～2.0 m高的2～3年生枝条上，利用粘虫板黄色的光波引诱成虫，使其被粘虫板粘住致死。梨茎蜂密度大时，注意及时更换粘虫板。

⑤喷药保护。在成虫盛发期，选用功夫、灭扫利、阿维菌素等杀虫剂喷雾。喷药要均匀、细致、全面，保证树冠内外、叶片正反面均要喷洒到，消灭成虫。减轻危害。

三、红梨病虫害综合防治技术

（一）病虫害防治要求

红梨病虫害防治应贯彻“预防为主，综合防治”的植保方针。以农业防治和物理防治为基础，提倡生物防治，按照病虫害的发生规律和经济阈值，科学使用化学防治。

1. 农业防治

主要采取剪除病虫枝、清除枯枝落叶、刮除树干翘裂皮和枝干病斑，集中烧毁和深埋，加强土肥水管理、合理修剪、适量留果、果实套袋等措施防

治病虫害。

2. 物理防治

利用害虫趋光性于害虫发生初期，在梨园悬挂黄色板，防治梨茎蜂；挂诱虫灯诱杀金龟子和鳞翅目害虫等；在每年的4月上中旬在树干上缠1周粘虫胶带，以粘杀出土上树的越冬代害虫。于9月上中旬，在树干上缠1~2周瓦楞纸，以诱捕下树入土的越冬害虫等。

3. 生物防治

在害虫发生盛期，于梨园挂糖醋液（按糖0.25 kg、醋0.5 kg、水5 kg的比例配制而成）诱杀梨小食心虫、梨卷叶虫等害虫；或在梨园悬挂梨小食心虫性诱剂诱杀梨小食心虫成虫；或利用性诱剂迷向技术，在梨园每隔5株树绑长20 cm的迷向丝，有效杀灭梨小食心虫等害虫。

4. 化学防治

根据防治对象的生物学特性和危害特点，允许使用生物源农药、矿物源农药和低毒有机合成农药，有限度地使用中毒农药，禁止使用剧毒、高毒、高残留农药。

允许使用的杀菌剂及使用技术，如表9–1所示。

表9–1　梨园允许使用的主要杀菌剂

农药品种	毒性	稀释倍数和使用方法	防治对象
5%菌毒清水剂	低毒	萌芽前30~50倍液涂抹，100倍液喷施	梨腐烂病、枝干轮纹病
腐必治乳剂（涂剂）	低毒	萌芽前2~3倍液涂抹	梨流胶病、腐烂病、枝干轮纹病
2%农抗120水剂	低毒	萌芽前10~20倍液涂抹，100倍液喷施	梨腐烂病、枝干轮纹病
80%喷克可湿性粉剂	低毒	800倍液，喷施	梨黑星病、轮纹病、炭疽病
80%大生M-45可湿性粉剂	低毒	800倍液，喷施	梨黑星病、轮纹病、炭疽病
70%甲基托布津可湿性粉剂	低毒	800~1000倍液，喷施	梨黑星病、轮纹病、炭疽病

续表

农药品种	毒性	稀释倍数和使用方法	防治对象
50% 多菌灵可湿性粉剂	低毒	600～800 倍液，喷施	梨黑星病、轮纹病、炭疽病
27% 铜高尚悬乳剂	低毒	500～800 倍液，喷施	梨黑星病、轮纹病、炭疽病
石灰倍量式或多量式波尔多液	低毒	200 倍液，喷施	梨黑星病、轮纹病、炭疽病
70% 代森锰锌可湿性粉剂	低毒	500～600 倍液，喷施	梨黑星病、轮纹病、炭疽病
70% 乙膦铝锰锌可湿性粉剂	低毒	500～600 倍液，喷施	梨黑星病、轮纹病、炭疽病
15% 粉锈宁乳油	低毒	1500～2000 倍液，喷施	梨黑星病
石硫合剂	低毒	发芽前 3°～5°Be′喷施	梨黑星病、轮纹病、炭疽病
75% 百菌清	低毒	600～800 倍液，喷施	梨黑星病、轮纹病、炭疽病

允许使用的杀虫杀螨剂及使用技术，如表 9–2 所示。

表 9–2　梨园允许使用的主要杀虫杀螨剂

农药品种	毒性	稀释倍数和使用方法	防治对象
1.8% 阿维菌素乳油	低毒	2000～3000 倍液，喷施	叶螨、梨木虱
0.3% 苦参碱水剂	低毒	800～1000 倍液，喷施	蚜虫、叶螨等
10% 吡虫啉可湿性粉剂	低毒	2000～3000 倍液，喷施	蚜虫、黄粉蚜等
5% 尼索朗乳油	低毒	2000 倍液，喷施	叶螨类
15% 哒螨灵乳油	低毒	3000 倍液，喷施	叶螨类

续表

农药品种	毒性	稀释倍数和使用方法	防治对象
10% 浏阳霉素乳油	低毒	1000 倍液，喷施	叶螨类
20% 螨死净胶悬液	低毒	2000～3000 倍液，喷施	叶螨类
99.1% 加德士敌死虫乳油	低毒	200～300 倍液，喷施	叶螨类、蚧类
苏云金杆菌可湿性粉剂	低毒	800 倍液，喷施	卷叶虫、尺蠖、天幕毛虫等
5% 卡死克乳油	低毒	1000～1500 倍液，喷施	卷叶虫、叶螨等
25% 扑虱灵可湿性粉剂	低毒	1500～2000 倍液，喷施	介壳虫、蝉

限制使用的农药品种及使用方法如表 9-3 所示。

表 9-3　梨园限制使用的农药品种及使用方法

农药品种	毒性	稀释倍数和使用方法	防治方法
50% 抗芽威可湿性粉剂	中毒	800～1000 倍液，喷施	梨蚜、榴蚜等
2.5% 功夫乳油	中毒	3000 倍液，喷施	梨小食心虫、叶螨等
30% 桃小灵乳油	中毒	2000 倍液，喷施	梨小食心虫、叶螨等
80% 敌敌畏乳油	中毒	1000～2000 倍液，喷施	梨小食心虫、蚜虫、卷叶蛾等
50% 杀螟硫磷乳油	中毒	1000～5000 倍液，喷施	卷叶蛾、桃小食心虫、蚧壳虫
20% 氰戊菊酯乳油	中毒	2000～3000 倍液，喷施	梨小食心虫、蚜虫、卷叶蛾等
2.5% 溴氰菊酯乳油	中毒	2000～3000 倍液，喷施	梨小食心虫、蚜虫、卷叶蛾等
10% 歼灭乳油	中毒	2000～3000 倍液，喷施	梨小食心虫

（二）科学合理用药

1. 禁止使用的农药

梨树禁止使用的农药包括甲拌磷、乙拌磷、久效磷、对硫磷、甲胺磷、甲基对硫磷、甲基异硫磷、氧化乐果、克百威、涕灭威、杀虫脒、三氯杀螨醇、克螨特、滴滴涕、六六六、林丹、氟化钠、氟乙酰胺、福美胂及其他砷制剂。

2. 科学合理使用农药

加强病虫害预测预报，有针对性地适时用药，未达到防治指标或益害虫比合理的情况下不用药。允许使用的农药每种每年最多使用 2 次。最后 1 次施药距采收期间隔应在 20 d 以上。严禁使用国家命令禁止使用的农药和未核准登记的农药。要根据天敌的发生特点，合理选择农药种类、施用时间和施用方法，保护天敌。注意不同作用机制农药的交替使用和合理使用，以延缓病菌和害虫产生抗药性，提高防治效果。严格按照规定的浓度、每年使用次数和安全间隔期要求，喷药均匀周到。

（三）病虫害防治技术

梨园病虫害周年防治技术如表 9-4 所示。

表 9-4　梨园病虫害防治年历

时间	物候期	使用农药及浓度	主要防治对象
3 月 5—10 日	花芽刚萌动	树体淋洗式喷布 3°～5°的 Be′石硫合剂	干腐病、轮纹病、红蜘蛛、介壳虫、蚜虫
3 月 16—18 日	萌芽期	12.5% 的烯唑醇乳油 2000 倍液 + 40.7% 的毒死蜱乳油 1500 倍液	梨木虱、蚜虫、红蜘蛛
4 月 9—11 日	落花 80%	10% 的蚜虱净乳油 1000 倍液 + 1.8% 的阿维菌素乳油 1000 倍液 + 70% 的甲基托布津可湿性粉剂 800 倍液 + 洗衣粉 2000 倍液	黑斑病、梨木虱、黄粉蚜

续表

时间	物候期	使用农药及浓度	主要防治对象
4 月 20—23 日	套小袋前	10% 的蚜虱净乳油 1000 倍 + 1.8% 的阿维菌素乳油 1000 倍液 + 10% 的氟硅唑 2000 倍液 + 洗衣粉 2000 倍液	轮纹病、梨木虱、黄粉蚜
5 月 15—20 日	套大袋前	40.7% 的毒死蜱乳油 1000 倍液 + % 高效氯氰菊酯乳油 1000 倍液 + 己唑醇 9000 倍液 + 洗衣粉 2000 倍液	黑斑病、锈病、梨木虱、黄粉蚜、绿盲蝽
5 月 27—30 日	麦收前	25% 的扑虱灵可湿性粉剂 1500 倍液 + 5% 的高效氯氰菊酯乳油 1000 倍液 + 40% 的氟硅唑乳油 800 倍液 + 洗衣粉 2000 倍液	黑斑病、梨木虱、黄粉蚜、跳甲
6 月 10—15 日	幼果期	硫酸铜：石灰：水 = 1：4：200 的波尔多液	黑斑病、黑星病
6 月 27—30 日	果实膨大期	25% 的灭幼脲 3 号悬乳剂 1000 倍液 + 20% 的甲氰菊酯乳油 2000 倍液 + 80% 的大生 M-45 可湿性粉剂 800 倍液	黑斑病、梨小食心虫、跳甲
7 月 10—12 日	果实迅速膨大期	硫酸铜：石灰：水 = 1：4：250 ~ 300 的波尔多液	黑斑病、黑星病
7 月 20—23 日	果实迅速膨大期	3% 的溴氰菊酯乳油 2500 倍液 + 68.5% 的多氧霉素可湿性粉剂 1000 倍液 + 萘乙酸 15 mg/L + 洗衣粉 2000 倍液	黑斑病、梨小食心虫、采前落果
8 月 20—22 日	果实成熟期	75% 的百菌清可湿性粉剂 600 ~ 800 倍液 + 萘乙酸 15 mg/L + 洗衣粉 2000 倍液	黑斑病、采前落果

续表

时间	物候期	使用农药及浓度	主要防治对象
9月10—20日	果实采收后	48%的毒死蜱乳油1000倍液	黄粉蚜、军配虫

四、高工效药剂在红梨上的应用

高工效药剂是北京琳海植保科技股份有限公司推出的根灌长效杀虫剂和营养药肥。其中，根灌长效杀虫剂包括一贯亚士利、一贯杆翠、一贯介终、一贯无踪4个产品；营养药肥包括施虫胺、撒虫胺和琳海健安3个产品。一贯亚士利主要是吡虫啉的可溶性液剂，有效成分含量是20%。其剂型先进，缓释性好，通过根系吸收传导至树体各个部位，持续期长达一个生长季，可起到长效杀虫和防虫的目的。而一贯杆翠为22%噻虫·高氯氟微囊悬浮-悬浮剂；一贯介终是20%的阿维·杀虫单微乳剂；一贯无踪为22%噻虫·高氯氟微囊悬浮—悬浮剂，与一贯亚士利具有同样的疗效。营养药肥施虫胺噻虫嗪，有效成分含量是0.12%颗粒剂，能够解决各类刺吸式害虫频繁高发、难以根除、不再复发的情况。撒虫胺主要是氟氯氰菊酯·噻虫胺，有效成分含量2%，其中氟氯氰菊酯含量为0.5%，噻虫胺含量为1.5%，为颗粒剂。两种药肥均可解决树高喷药难问题，通过药肥根施，根系输导，确保全树杀虫效果。琳海健安为3%甲霜·噁霉灵水剂，其中甲霜含量为0.5%、噁霉含量为2.5%，是杀菌药肥。其缓释长效，应用方式灵活；药肥吸收传递速度快，移动性强。通过根系吸收传导至各个病害发生部位，缓释长效不间断杀菌，防治周期长，效果好。其可复配多种杀虫杀菌剂一起使用，药肥固有的特性对其他产品的协同增效作用明显。采用喷淋、冲施、灌根、滴灌，药肥双效，杀灭土传病害和生根壮苗一步完成，在病害多发的多雨时期表现效果更好。根部冲施或淋溶1000~1500倍液效果较好。

有关高工效药剂在红梨上的应用效果，王尚堃等以3年生‘红香酥梨’为试材，在黏土、壤土和沙土混合的三合土上，运用药肥“施虫胺、撒虫胺”和根施药剂“一贯亚士利”分别设置200 g、300 g、400 g，50 g、100 g、150 g，3 mL、5 mL、8 mL 3个施药量，重复3次，单株小区，随机区组排列，研究了根施高工效药剂防治红梨蚜虫的效果，结果表明，根施施

虫胺400 g、撒虫胺150 g、一贯亚士利乳油8 mL效果最好。其中，一贯亚士利乳油8 mL防治效果好于药肥撒虫胺150 g，而药肥撒虫胺150 g防治效果则好于药肥施虫胺400 g。其防治效果分别为94.0%、83.7%和76.6%。施虫胺和撒虫胺除作为杀虫剂外，也可作为肥料使用。从树体生长势方面，根施施虫胺果树长势强于根施撒虫胺，而根施撒虫胺果树长势又强于根灌一贯亚士利。因此，3种杀虫剂在具体应用时，可配合使用，能优势互补，有效发挥高工效药肥应有的效果。

（一）防治梨树蚜虫、梨木虱、梨网蝽等刺吸式害虫

防治梨树蚜虫、梨木虱、梨网蝽等刺吸式害虫可采用根部浇灌一贯亚士利或者根部撒施药肥施虫胺可有效控制梨树整个生长季内无虫害发生，安全、环保、持久。

1. 施药时间

施药时间全年均可，最佳用药时间是早春，芽未萌动之前。这样，树液开始流动后，药剂被传导至树体各个部位有效防治虫害发生。

2. 施药技术

距根径部位0.5～1.0m范围开沟浇施。主干粗10 cm以下选取一贯亚士利10 mL，主干粗10 cm以上每增加1 cm对应增加1 mL药量，药剂稀释200倍浇灌，2 h后再浇水充分淋溶即可。一般采用二步施药法。第一步药剂加少量水浇灌在梨树根茎30～50 cm附近土穴中，药剂总水量以不溢出为准；第二步是等药液阴干2 h后大量补水淋溶，有利于根系对药剂吸收，水分越充足药效越好。应用药肥施虫胺时，主干粗10 cm时，用药量是400 g/株；10 cm以上粗度，每增加1 cm对应增加20 g药量。颗粒药肥撒施在根部树穴后，浇透水淋溶即可。

（二）防治介壳虫

梨树上防治介壳虫可采用一贯介终或药肥撒虫胺，可达到一次施用，半年以上无虫的效果。该药安全、高效、低毒，环保无异味。对多次用药无法解决的问题一次应用即可解决。

1. 施药时间

一贯介终或药肥撒虫胺施药时间可在虫害发生前、发生后灌药皆可，但虫害发生前用药是最佳时期。

2. 施药技术

距根径部位0.5～1.0 m范围开沟浇施。主干粗10 cm以下选取一贯介终10～20 mL药量，主干粗10 cm以上每增加1 cm对应增加药量1 mL，药剂同样稀释200倍液浇灌，2 h后再浇水充分淋溶即可。应用药肥撒虫胺时，梨树主干粗10 cm用药量100～200 g/株，10 cm以上粗度每增加1 cm对应增加10 g药量。颗粒药肥撒施在根部树穴后，浇透水淋溶即可。同样采用二步施药法。

（三）防治蛀干害虫

防治梨树蛀干害虫可应用一贯杆翠或药肥撒虫胺。

1. 施药时间

用药最好在虫害发生前灌药，时间在每年4月左右。

2. 施药技术

距根径部位0.5～1.0 m范围开沟浇施。主干粗10 cm以下选取一贯杆翠和撒虫胺的用药量和技术同防治介壳虫。

（四）注意问题

1. 浇水

根部灌药后，必须浇透水充分淋溶，使药剂被大量根系吸收到。

2. 集中用药

为提高防治害虫效果，药剂要浇灌于根系集中区域。

3. 采用二次稀释法

采用二次稀释法，就是先少量兑水浇灌后，再大量灌水淋溶。

4. 注意温度

温度较高时，树液流动速度快，药剂发挥作用也快。灌药时，温度较低，药剂传导慢，药效推迟发挥作用。在休眠期施药，待春季树液开始流动后药剂开始发挥作用，需时间较长。

5. 注意配合速效化学农药

在温度较低、高工效药剂作用缓慢时，配合叶面喷布高效低毒速效化学农药，能够达到优势互补，有效发挥高工效药剂应有的效果。

思考题

1. 梨树上主要病虫害有哪些？如何进行红梨病虫害的综合防治？
2. 简述高工效药剂在红梨上的应用技术及应注意的问题。

第十章　梨树四季栽培管理技术

一、春季栽培管理技术

（一）地下管理

1. 耕翻

我国北方果区春季一般在土壤解冻后，进行果园耕翻，随后追肥，耕翻深度一般为 30 cm，以消灭杂草，疏松土壤，促进根系生长。

2. 萌芽前灌水

萌芽前浇 1 次透水，并结合灌水进行花前追肥。

3. 花前追肥

花前期追肥于花前 15 d 施入以复合肥为主的速效肥，一般成年树施 0.5 ~1.0 kg/株，树势弱的可加尿素 1 ~ 2 kg/株，施肥量占全年施肥量的 10%~15%。

4. 花后追肥

梨树开花以后新梢迅速生长及大量坐果，都需要大量养分，所以花后及时追施氮肥，可促进新梢生长、叶片肥大、叶色加深，有利于提高坐果率。

（二）地上管理

1. 花前复剪

花前复剪一般在萌芽后到开花前进行。要求修剪轻，修剪量不宜过大。对修剪过轻、留花量较多的梨树应进行复剪，主要是疏除细弱枝、病枯枝、过密枝，调节果树负载量。根据留果量确定留花量，一般留花量应比预留果量多 1 ~2 倍，仅留 1 个花芽/果台，疏除过多的花芽。缓放形成的串花枝适当短截，调整花量及结果枝与营养枝布局，完成花前复剪。

2. 剪病梢、刮翘皮

剪除梨树上的所有病梢、虫梢，老树还需要刮翘皮，以消灭越冬病原菌及虫卵、幼虫等，降低越冬病虫基数。

3. 疏花

梨树花芽多达7～12朵花/花序，开花消耗树体大量营养。疏除多余的花，可使树体营养供应集中，提高坐果率。疏花在花序分离时进行，留1～2朵边花/花序。对自花结实率较低的品种，应当配置好授粉树，未配置好授粉品种的应人工授粉。

4. 人工授粉

梨树的大多数品种需要异花授粉后才能结果。若梨园内授粉树配植较少或授粉树配植不当，则必须进行人工授粉，以提高坐果率。人工授粉应在授粉前2～3 d采集适宜授粉的品种成年树上充分膨大的花蕾或刚刚开放的花朵，采取花药，烘干出粉，用毛笔或橡皮头或羽毛蘸取少量花粉涂点到所授花朵雌蕊上即可。

5. 花期喷硼

可于花开25%和75%时各喷1次0.3%～0.5%的硼砂（酸）溶液，加0.3%～0.5%的尿素，开花需要大量磷、钾元素，加喷或单喷0.3%的磷酸二氢钾溶液，也可提高坐果率。

6. 花期防霜冻

梨树开花早，花期多在晚霜前，极易受晚霜危害。梨花受冻后，雌花蕊变褐，干缩，开花而不能坐果。花期应当注意收听当地的天气预报，当气温有可能降到－2 ℃时就要防霜，防霜的办法有以下几种：①花前灌水：能降低地温，延缓根系活动，推迟花期，减轻或避免晚霜的危害。②树干涂白：花前涂白树干，可使树体温度上升缓慢，延迟花期3～5 d，避免或减轻霜冻危害。③熏烟防霜：熏烟能减少土壤热量的辐射散发，起到保湿效果，同时烟粒能吸收湿气，使水汽凝成液体而放出热量，提高地温，减轻或避免霜害。常用的熏烟材料有锯末、秸秆、柴草、树叶等，分层交错堆放，中间插上引火物，以利点火出烟。熏烟前要组织好人力，分片专人值班，在距地1 m处挂1个温度计，定时记载温度，若凌晨温度骤然降至0 ℃时就应点火熏烟。点火时统一号令，同时进行。点火后要注意防止燃起火苗，尽量使其冒出浓烟，并注意不要灼伤树体枝干。也可利用防霜烟雾剂防霜，其配方常用的是：硝酸铵20%～30%，锯末50%～60%，废柴油10%，细煤粉10%，硝酸铵、锯末、煤粉越细越好，按比例配好后，装入铁筒内，用时点燃，用量为2.0～2.5 kg/亩，注意应放在上风头。

7. 疏果

日本梨园产量一般为2200 kg/亩。目前，我国梨园产量保持在3000～4000 kg/亩。一般每15～20 cm留1个果，强树壮枝留果距离为10～15 cm留1个果，弱树、弱枝留果20～25 cm留1个果。树冠内膛和下层适当多留，外围和上层少留；辅养枝多留，骨干枝少留。

8. 春季病虫防治

①萌芽期在花芽鳞片松动至刚绽开时，全园喷施3°～5°Be′石硫合剂；谢花后喷2.5%的功夫乳油2500倍液或农地乐2000倍液+杀菌剂，轮流使用药剂。特别注意在梨树开花期不能打任何农药，以免药害。

②防治梨黑星病。在梨树谢花展叶时喷第1次药，15 d后喷第2次药。用氟硅唑8000～10 000倍液或30%的绿得保胶悬剂300～500倍液或烯唑醇2500倍液均匀喷布。

二、夏季栽培管理技术

（一）秸秆覆盖

覆盖物为麦草、稻草、秸秆及野草、树叶、麦糠、稻壳等有机物。夏初至秋末幼树覆盖树盘，成龄树覆盖树行内；常年保持厚20 cm。覆盖前施速效氮肥并松土，随后及时浇水，覆盖物应与植株根茎保持20 cm距离。连覆3～4年后结合秋施基肥浅翻1次。

（二）套袋

①套袋时间。落花后20 d（约5月中下旬），幼果如拇指肚大小时，疏完果即套袋，10 d左右结束。

②套袋前要按负载量要求认真疏果，留量可比应套袋果多些，以便套袋时再有选择余地。

③套袋前一定要喷杀虫杀菌混合药1～2次，重点喷果面，杀死果面上的菌虫。喷药后10 d之内还没完成套袋的，余下部分应补喷1次药再套袋。

④套袋时严格选果。选择果形长，萼紧闭的壮果、大果、边果套袋。剔

出病虫弱果、枝叶磨果、次果。只套1果/花序，1果1袋。

（三）壮果肥

在果实膨大期施速效完全肥料。结果树条沟施或穴施，秋冬深施，若干旱应结合灌水。施绿肥、土杂肥应并混石灰埋施挖深40～50 cm,；春夏浅施，沟深10～15 cm。

（四）夏季修剪

一般在开花后到营养枝停长时进行。主要通过结果枝摘心提高坐果率。对直立生长的1年枝拿枝，以开张角度，促进花芽的形成；并抹除剪口的萌蘖。

（五）西洋梨环剥

5月下旬至6月上旬，西洋梨旺树主干或旺枝基部环割2刀，剥去1圈皮层，环剥宽度为枝条粗度的1/10，长度一般为2～5 mm。

三、秋季栽培管理技术

（一）采果肥

采果后，对结果多、树势弱的树，及时施1次采果肥。以腐熟的农家肥为主，配合适量的三元素复合肥。施肥量视树冠大小而定，仅占全年施肥量的15%左右。施肥量不宜过大，不施速效尿素或碳铵。

（二）秋施基肥

秋施基肥在每年10月初。选用优质有机肥，施用量应占全年用肥量的60%～70%，至少按斤果斤肥的比例施入。一般施优质有机肥50 kg左右/株。施肥方法可开环沟施，也可根据根系的走向开放射沟施，或者在梨树的行间开条沟施或挖穴施。这些方法每年交替进行。施肥深度30～50 cm。遇到干旱时，及时灌溉。

（三）深翻园地

采果后耕翻园地。耕翻深度树盘周围10 cm左右，树盘以外20～25 cm。

耕翻后根据墒情及时灌水。同时，深翻还能将地面上的病叶、僵果及躲在枯草中的害虫深埋地下，使其翌年不能顺利出土而被闷死。

（四）防止秋季2次开花

梨开2次花的主要前期症状是叶片的早期脱落。梨的叶片若在7—8月早落（梨树正常落叶期在10月下旬至11月上旬），则树体被迫提前进入休眠状态，影响了光合产物的制造和积累，不利于叶内营养成分及时转入枝条；秋季若再遇上“小阳春”天气，梨树就会2次开花。导致梨树叶片早落，2次开花的原因有3个方面：一是果实成熟过早，梨果1次性采摘。梨果若1次采完，叶片表现萎蔫，加速离层形成，提早落叶。二是病虫害为害导致梨树长势衰弱，也会造成提早落叶。三是留果过多，消耗过量的营养，影响枝叶的正常生长，从而造成梨早期落叶。具体防治措施：一是分期分批采收。使果实与叶片对水分有逐步适应和调剂，避免提早落叶。二是合理修剪，调整树势，改善通风透光条件。加强病虫防治。三是做好疏花疏果工作，施足肥料。尤其采摘后要及时施肥。

（五）防治病虫害

采果后清除枯枝落叶、僵果、烂果及果园周围杂草，集中沤肥或烧毁。对梨黑星病和黑斑病在果实采收后选用大生、必得利、志信星、多菌灵和波尔多液等交替喷施进行。对红蜘蛛、介壳虫，可用阿维菌素、虫螨克防治。有介壳虫的果园，采果后及时喷2.5%的辉丰菊酯乳油+40%的好劳力乳油1500倍液防治。

（六）秋季修剪

生长过强的果树，适当疏除少量新梢和徒长枝。对开张角度小的多年枝拉枝开角。中庸树和弱树不疏枝。

四、冬季栽培管理技术

（一）冬季清园

落叶后和萌芽前各喷1次5°Be′石硫合剂清园，彻底消灭越冬的病虫害，

以减少病虫害的危害。

（二）刮树皮

冬季或早春用刮刀或镰刀把果树的老皮轻轻刮掉，然后用施纳宁 50 ~ 150 倍液在树干上涂抹。对刮下的老皮集中烧毁。

（三）冬季修剪

1. 结果枝组修剪

梨的大、中、小型枝组，要多留早培养。对中心干上、转主换头的辅养枝上，主枝基部、背上背下，都可以多留。在培养过程中分别利用，逐步选留，不必要时再按情况疏除。在不扰乱骨干枝、影响主侧枝生长的前提下，做到有空间就留，见挤就缩，不能留时再疏除。有空间的大中枝组，后部不衰弱、不缩剪，对其上小枝组采取局部更新的形式复壮；细致疏剪短果枝群（鸭梨多），去弱留强、去远留近。

2. 不同时期管理

①幼树期修剪。幼年初果树整形修剪的中心任务是建立良好的树体结构，重点考虑枝条生长势、方位两个因素；但不要死扣树形参数，只要基本符合要求，就要确定下来；对选定枝采用各种修剪技术及时调控，进行定向培养，促其尽量接近树形目标要求。根据梨树修剪反应特点，在具体操作时应注意 4 个问题：一是梨树成枝力低、萌生长枝数量少，选择骨干枝困难。为此，应充分利用刻芽、涂抹发枝素、环割等方式促发长枝。可处理预留做骨干枝的芽，也可处理方位适宜的短枝。二是梨幼树分枝角度小，往往直立抱合生长，任其自然生长，后期再开角比较困难，且极易劈裂。因此，应及早运用各种开角技术，如拿枝、支撑、坠拉等开张其分枝角度。三是梨树枝条负荷力弱，结果负重后易变形或劈折。为增加骨干枝坚实度，各级骨干枝的延长枝都一般剪留 1/2 ~ 2/3；中心干可重些，主枝稍轻。四是梨树干性和顶端优势特别强，极易出现上强下弱现象。表现为中心干强、主枝弱，有高无冠；骨干枝前强、后弱，头大身子小；树冠外围强、内膛弱，外密内空。因此，控高扩冠，控前促后，防止内膛枝组早衰是幼年初果树整形修剪的难点。

②初果期树的修剪。此时树冠仍在较快地扩大，结果量迅速增加，修剪任务为继续培养各级骨干枝和结果枝组，使树尽快进入盛果期。具体应从 3

个方面着手：一是各骨干枝延长枝剪留长度，应根据树势来定。一般比幼树期短，多在春梢中、上部短截。二是发展过高的树，可留下层5～7个主枝“准备落头”或“落头”。对前期保留的辅养枝或过多的骨干枝，根据空间大小，疏除或改造为枝组。三是修剪的重点是逐渐转移到结果枝组的培养上来。

③盛果期树的修剪。修剪任务主要是维持树冠结构，维持及复壮结果枝组，使树势健壮，高产稳产。主要从5个方面着手。一是保持中庸健壮树势。通过枝组轮替复壮和短截外围枝，继续维持原有树势。每年修剪量不宜忽轻忽重。对树势趋向衰弱树，可重短截骨干枝延长枝，连年延长枝组中度回缩。对短果枝群和中、小枝组细致修剪，剪除弱枝、弱芽。二是维持树冠结构。骨干枝延长枝短留。随着结果量增加，选角度较小的枝做延长枝，也可对角度过大的骨干枝在背上培养角度小的新头。对骨干枝枝头多次更换，以保持适宜的角度。三是改善光照。对外围发生长枝多的树，轻截外围枝，增加缓放，适当疏枝，使生长势缓和。例如，外围多年生枝过多过密，疏除多年生枝，使外围枝减少。骨干枝过密过多，要逐年减少。四是维持和复壮枝组。在调整好骨干枝的前提下，再调整枝条和枝组分布，培养质量好的枝组和短枝。在树冠内留壮枝组，疏除瘦弱枝组；在树冠外留中庸健壮枝组，疏除强旺枝组。对枝组连年延伸过长、结果部位外移的，可在有强分枝外回缩。对果台枝发生弱，果枝寿命短，不易形成短果枝群的品种，通过骨干枝换头或大枝组的缩剪来更新部分枝组。五是防止大小年。在修剪上，一方面保持树势，培养壮枝；另一方面防止结果过多。冬季修剪时，可以减少花芽留量。

④衰老期树修剪。修剪的主要任务是养根壮树，更新复壮枝组和骨干枝。该期外围枝抽生很短，产量开始显著下降。如果修剪适当，肥水管理跟得上，还能获得相当产量，以延长其经济寿命。

思考题

试总结梨周年生产管理要点。

第十一章　红梨规模化优质丰产栽培技术

红梨是一种市场前景广阔的优质水果，栽培优良性状突出，具有较高的栽培推广价值。商水和畅农业发展有限公司红梨示范基地坐落于河南省商水县练集镇刘坡行政村。现为河南电视台农业科技示范单位和中国农业科学院郑州果树研究所红梨新品种示范单位。基地面积 66.67 hm^2，分为东区和西区两个场地。示范基地于 2015 年 3 月从中国农业科学院郑州果树研究所、山东果树研究所引进 20 多个红梨品种，主要是‘红香酥梨’‘满天红梨’‘粉红香蜜梨’‘玉露香梨’‘新梨 7 号’‘奥冠红梨’‘红梨 1 号’‘红梨 2 号’‘红梨 3 号’‘红贵妃梨’‘红太阳梨’‘早酥红梨’，以及西洋梨红梨品种‘早红考密斯’‘红安久’和‘红星’等，进行建园种植：2016 年商水和畅农业发展有限公司依据其栽培规模申报成功了“周口市红色梨工程技术研究中心”和“周口商水县红梨新品种示范基地”两个科研研发平台。由于注重新技术的推广应用，目前红梨规模化栽培示范基地均已进入结果期，并已取得了良好的社会经济效益。王尚堃等通过几年的栽培试验研究，从机械建园，地膜覆盖；除草机除草，肥水一体化管理；综合精细花果管理，提高坐果率和果实品质；采用规模化栽培树形，科学整形修剪；配合高功效药肥综合防控病虫害等方面总结了红梨规模化优质丰产的栽培技术。

一、示范基地基本情况

基地年平均气温 14.6 ℃，极端低温 -20.1 ℃，极端高温 41.6 ℃，≥10 ℃年活动积温 4820.6 ℃，年平均降水量 802.1 mm，年平均日照时数 2280 h，无霜期约 225 d，周围四通八达，交通便利，无污染源存在。土壤为黏土、壤土和沙土混合的三合土，耕作层深达 80～100 cm，pH 为 6.5～7.5，土壤含碱解氮 115～220 mg/kg、速效磷 26～35 mg/kg、速效钾 210～225 mg/kg，有机质含量 1.35%～1.67%。栽培株行距 2 m×4 m，主栽品种

‘玉露香梨’‘红香酥梨’‘新梨7号’‘满天红梨’‘粉红香蜜’，授粉品种是‘奥冠红梨’‘中梨1号’‘红太阳梨’‘早酥红梨’等，主栽品种与授粉品种比例为（4～6）：1。行间间作有黑花生、红薯和芍药等。

二、示范基地产量和效益情况

示范基地2015年定植当年红梨无产量，主要收入是行间套种黑花生、中药材和红薯收入，当年无利润；2016年开始少量结果，平均产量达56.7 kg/亩，行间套种黑花生、红薯、中药材等，始获利，经济效益达2312.4元/亩；2017年平均产量达875.6 kg/亩，收回全部建园成本，纯收益9207.2元/亩；2018年平均产量达1568.4 kg/亩，经济效益达23 594.4元/亩，在当地起到了很好的示范带动效应：红梨栽培规模迅速扩大，目前在本地及邻近地市已扩大到2000 hm^2，对促进当地经济发展、改善生态、提高人民生活水平质量，起到了积极的作用。

三、品种选择

为了满足市场和消费者对红梨的需求和筛选出适应北方地区红梨规模化栽培的优良品种，王尚堃等对商水和畅农业发展有限公司从中国农业科学院郑州果树研究所引进的5个红梨主栽品种‘满天红梨’‘玉露香梨’‘新梨7号’‘红香酥梨’‘粉红香蜜’进行了栽培对比试验。结果表明：各主栽品种在周口地区均能正常完成年生长周期。其中，‘新梨7号’果实成熟期最早，属早熟型红梨品种；‘红香酥梨’‘玉露香梨’属中熟品种；‘满天红梨’和‘粉红香蜜’成熟期较迟，属晚熟品种。各品种果实形状差异很大，风味除‘满天红梨’表现稍酸外，其余4个红梨品种以甜为主。5个红梨品种均表现为表皮典型红色性状，果核均较小，可食率都在90%以上，果肉颜色均为白色，属白梨系统。5个红梨品种果实品质均达到了A级，耐贮性强。果个大小表现为晚熟品种最大，中熟品种次之，早熟品种最小。在生长结果习性方面，红梨规模化栽培晚熟品种‘粉红香蜜’‘满天红梨’表现最好，栽培优良性状突出，产量较高，获得的经济效益最为显著，中熟品种‘红香酥梨’‘玉露香梨’次之，早熟品种‘新梨7号’相对较差。在果实内含物即内在品质方面，从可溶性糖、总酸、维生素C、蛋白质、单宁、果

胶、水分和总灰分含量8个方面综合考虑，中晚熟品种较好，早熟品种相对较差。因此，在红梨规模化栽培上，应当优先发展晚熟品种‘粉红香蜜’‘满天红梨’，适度发展中熟品种‘红香酥梨’‘玉露香梨’，适当发展早熟品种‘新梨7号’。

四、规模化优质丰产栽培技术

（一）育苗

北方寒冷地区采用杜梨做砧木，山区选用秋子梨做砧木。砧木采用实生繁殖法。嫁接春季采用劈接、切接和腹接等枝接法；夏秋季采用“T”字形芽接和贴芽接方法。育成优质壮苗标准是：苗高1.2 m以上，嫁接口上10 cm直径在1.0 cm以上，地上部60～80 cm处具有4个以上饱满芽，有4条以上主侧根，根长20 cm以上，须根多且无病虫害。

（二）建园

定植前苗木根部用3%～5%的石硫合剂，或1∶1∶200波尔多液浸苗10～20 min，再用清水洗根部后蘸泥浆。南北行向栽植，挖掘机开沟，表、心土分置。秋季栽植夏季开沟；春季栽植前一年秋季开沟。沟底填入厚20 cm作物秸秆、杂草或落叶，回填表土与有机肥的混合物30～50 kg/株，填平后灌透水。栽植深度是根颈部与地面相平。栽后浇1次透水。秋季栽植后，于土壤结冻前以苗木为中心堆1个土堆高30 cm。翌年春季萌芽前灌水、松土后，顺行向覆盖宽1 m的地膜，4月上旬揭膜。

（三）土肥水管理

在定植后1～2年，为提高土地利用率，降低果园投资成本，在果树行间套种黑花生、红薯和芍药等，以增加果园栽培管理的经济效益。果园杂草利用除草机打碎翻压入土壤方法进行处理。春季土壤解冻后，利用机引犁耕翻深30 cm。肥水管理采用肥水一体化技术，在地下埋设胶管滴灌系统，利用仪器设备智能化控制施肥浇水。开花前15 d（3月中旬）施入以复合肥为主的肥料，一般结果树施0.5～1.0 kg/株，树势弱的添加尿素1～2 kg/株。5月上中旬结合除草松土，施氮、磷为主的氮磷钾复合肥0.7～1.2 kg/株。

夏初至秋末幼树覆盖树盘，成龄树覆盖行内；常年保持厚 20 cm。覆盖前施速效氮肥并松土，随后及时浇水，覆盖物与植株根茎保持 20 cm 距离。连覆 3～4 年后结合秋施基肥浅翻 1 次。6 月中旬果实膨大期施速效完全肥料。施绿肥、土杂肥应与石灰混合挖深 40～50 cm 埋施。要浅施，沟深 10～15 cm。每年 10 月初，按斤果斤肥的比例施优质有机肥 50 kg 左右/株。采用开沟机在果树两旁每年开沟交替进行，施肥深 30～50 cm。遇到干旱时，及时灌溉。采果后耕翻园地。翻耕深度树盘周围 10 cm 左右，树盘以外 20～25 cm。耕翻后根据墒情及时利用滴灌系统及时灌水。同时，结合深翻将地面上病叶、僵果及躲在枯草中害虫深埋地下。

（四）花果管理

红梨为提高坐果率，应于花序分离时进行疏花，留 1～2 朵边花/花序。配置好授粉树，未配置好授粉品种的应进行人工辅助授粉，采取机械喷粉法进行人工辅助授粉。花开 25% 和 75% 时各喷 1 次 0.3%～0.5% 的硼砂（酸）+0.3%～0.5% 的尿素，同时加喷或单喷 0.3% 的磷酸二氢钾，也可提高坐果率。或在果实采收前 1 个月（8 月中下旬前）喷 100 mg/L 赤霉素（GA_3），可减少采前落果。为预防晚霜危害，可根据天气预报，采用花前灌水、树干涂白、熏烟防霜方法。树干涂白采用涂白剂的配方是生石灰 0.5 kg、水 4～5 kg、黏着剂（面粉）0.25 kg，涂白时先将老皮刮除。熏烟采用防霜烟雾剂，具体配方是：硝酸铵 20%～30%，锯末 50%～60%，废柴油 10%，细煤粉 10%，硝酸铵、锯末、煤粉越细越好。按比例配好后，装入铁筒内，同时点燃，注意放在上风头，用量为 2.0～2.5 kg/亩。根据留果量确定留花量，留花量比预留果量多 1～2 倍，仅留 1 个花芽/果台，疏除过多花芽。为提高果实品质，要做到合理负载，一般每 15～20 cm 留 1 个果，强壮树 10～15 cm 留 1 个果，弱树、弱枝 20～25 cm 留 1 个果。树冠内膛和下层适当多留，外围和上层少留；辅养枝多留，骨干枝少留。约 5 月中下旬（落花后约 20 d），幼果如拇指大小时疏完果套袋。套袋时按负载量要求认真疏果，留量比应套果多些。同时，果面喷 20% 的甲氰菊酯乳油 2000 倍液 +70% 的代森锰锌可湿性粉剂 1000 倍液 1～2 次。药液干后即套袋，果袋选择 2 层或 3 层纸袋。套袋果选择果形长，萼紧闭的壮果、大果、边果，剔除病虫弱果、枝叶磨果、次果，1 果/花序，1 果 1 袋，10 d 左右套完。喷药后 10 d 之内未套完，余下部分补喷 1 次药再套。采果前 20 d，将外层袋撕开 1/2，

1～2 d 去除外层袋，并将内层袋撕开 1/2，将内层袋撕开 1/2，再经 1～2 d 选晴天 15：00 时以后去除内层袋。去除内层袋后，摘除贴果叶，疏除遮光果枝。待果实阳面充分着色后，轻轻转动果实，使阴面转向阳面，利用透明胶布固定。去袋后在树盘内及稍远处覆盖反光膜，采收前收回。果实采收时要轻拿轻放，不手捏或碰撞；先将等级果运至存放场，再将病虫果、畸形果、等外果、残次果集中处理。

（五）整形修剪

红梨规模化栽培树形选择纺锤形、细长圆柱形和棚架扇形。其中，细长圆柱形树形结构简单，无主、侧枝，前 5 年除定干外基本不动剪。采用刻芽、拉枝和抹芽技术整好形后只进行疏密、更新处理。花前复剪一般在萌芽后到开花前进行。对修剪轻、留花量较多的梨树疏除细弱枝、病枯枝、过密枝。缓放形成串花枝适当短截，调整花量及结果枝与营养枝达到合理布局。开花后到营养枝停长时结果枝摘心，直立生长 1 年生枝拿枝，并抹除剪口萌蘖。西洋梨红梨于 5 月下旬至 6 月上旬，旺树主干或基部环割 2 刀，剥去 1 圈皮层，环剥宽度为枝条粗度 1/10，长 0. 2～0. 5 cm。10 月后生长过强树适当疏除少量新梢和徒长枝。角度小的多年生枝拉枝开角。中庸树和弱树不疏枝。幼树冬剪建立良好的树体结构。充分利用刻芽、涂发枝素、环割等方式促发长枝，处理预留做骨干枝的芽或方位适宜的短枝。采用拿枝、支撑和坠拉等开张其分枝角度。各级骨干枝、延长枝一般剪留 1/2～2/3，中心干重些，主枝稍轻。进入初果期，继续培养骨干枝和结果枝组。各骨干枝延长枝剪留长度比幼树期短，在春梢中、上部短截。树高超过 3. 5 m，留下层 5～7 个主枝“落头”。保留辅养枝或过多骨干枝，根据空间大小，疏除或改造成枝组。红梨进入盛果期修剪的主要任务是维持树冠结构、维持及复壮结果枝组。树势保持中庸健壮：缩剪枝组，短截外围枝，继续维持原有树势，稳定修剪量。树势趋向衰弱的，重短截骨干枝延长枝，连年延长枝组中度回缩。短果枝群和中、小枝组剪除弱枝、弱芽。为维持树冠结构，骨干枝延长枝适当短留。随结果量增加，选角度较小枝做延长枝，角度过大骨干枝在背上培养角度小的新头。骨干枝多次更换，以保持适宜角度。外围发生长枝多，轻截外围枝，增加缓放，适当疏枝。外围多年生枝过多过密时，疏除一部分，以减少外围枝，改善通风透光条件。骨干枝过多时，逐年减少。在调整好骨干枝的前提下，再调整枝条和枝组分布。在树冠内留壮枝组，疏除瘦弱枝组；树冠外留中庸健壮枝组，疏除强旺枝组。枝组连年延伸过长、结果部位外移时，强分枝处回缩。果台枝发生弱，果枝寿命短，不易形成短果枝群的品种，骨干枝换头或大枝组缩剪更新部分枝组。为防止大小年，冬剪时可适当减少花芽留量。进入衰老期采用缩剪和重短截方法，更新复壮枝组和骨干枝。

（六）病虫害防治

落叶后和萌芽前各喷1次5°Be′石硫合剂，同时将果园中杂草、落叶清除扫净，集中烧毁；彻底消灭越冬病虫害。冬季或早春用刮刀或镰刀将树干老皮刮除，将刮下树皮集中烧毁，用涂白剂将树干涂白。同时，翻耕树盘。春季萌芽前剪除树上所有病梢、虫梢。萌芽期在花芽鳞片松动至刚展开时，全园喷施3°~5°Be′石硫合剂；谢花后喷2.5%的功夫乳油2500倍液或农地乐2000倍液+70%的甲基托布津可湿性粉剂1000倍液，注意轮换使用药剂。配合高工效药肥0.08%的施虫胺（噻虫嗪）颗粒剂根部撒施或穴施，干茎10 cm以上树木施药肥300~400 g，10 cm以上树木每增加1 cm对应增加药量10~20 g，覆土浇透水即可。开花期不喷任何农药。为防治梨黑星病，在谢花展叶时喷氟硅唑8000~10 000倍液或30%的绿得保胶悬剂300~500倍液或烯唑醇2500倍液，间隔15 d后第2次均匀喷雾。配合根部冲施或淋溶3%的健安（甲霜含量0.5%、噁霉含量2.5%）水剂1000~1500倍液，可有效杀菌促根，防治根部病害。5月上中旬，为长期有效防治蚜虫、红蜘蛛、梨尺蠖、短梢卷叶蛾等害虫，在叶面喷施20%的螨死净乳油800倍液+10%的吡虫啉可湿性粉剂2000倍液+48%的乐斯本乳油2000倍液的基础上，配合根部施用高功效农药1%的一灌树虫清（印楝素），1次施用，长期控制害虫危害。具体方法是距根颈部0.5~1.0 cm范围开沟松土，干茎10 cm以下施药量10 mL，兑水灌施，10 m以上树木每增加1 cm增加1 mL药量。药液稀释200倍浇灌，2 h后再浇水充分淋溶。冲施要求稀释1000倍。也可树干注射或输液。药液量为5 mL原液/孔，输液时每500 mL水（单个输液袋）加注药液10~20 mL，干茎20 cm以上树木适当增加输液袋数量。一般施后5 d蚜虫开始死亡，10 d大量死亡，15 d后完全死亡。在加入80%的喷克1000倍液、50%的退菌特可湿性粉剂800倍液等可有效防治梨黑星病、炭疽病。7月上旬、下旬各喷1次80%的喷克可湿性粉剂600倍液、50%的多菌灵可湿性粉剂600~800倍液，70%的甲基托布津可湿性粉

剂1000倍液，70%的代森锰锌可湿性粉剂700倍液，注意药剂交替使用。进入8月，间隔10 d左右用机械式喷雾器喷施80%的大生M-45可湿性粉剂或喷克1000倍液、80%的甲基托布津可湿性粉剂800倍液等轮替喷施，可有效防治黑星病、炭疽病、轮纹病，注意采收前20 d不喷药。9月初刮除树干腐烂病病斑，喷涂5%的菌毒清50倍液、70%的甲基托布津可湿性粉剂2000倍液等药剂，或用50%的多菌灵可湿性粉剂1份+植物油1.5份混合剂涂抹患部。病害严重时5～7 d喷涂1次，连续喷涂2～3次。果实采收后，将落叶、腐烂病虫果清除干净。拉枝用顶枝、吊架用木棍去掉，草绳解下，集中消毒备用或销毁。检查病虫情况，发现立即清除，伤枝绑缚，伤皮消毒。

梨园标准化全年管理工作历，如表11-1所示。

表11-1　梨园标准化全年管理工作历

时间	物候期	管理项目	管理内容
11月至翌年2月	休眠期	整形修剪	按照丰产、优质树体的树体管理要求进行休眠期修剪
		清理果园	清除果园杂草、枯枝、落叶及剪下的枝条、僵果。落叶、杂草及剪碎的枝条可结合深翻施肥深埋入土中；病虫枝梢、僵果带出果园烧掉
		施有机肥	没有秋施基肥的果园增施有机肥，并浇1次水
3月	萌芽期	刮树皮	刮粗皮、翘皮。靠近地面的翘皮里是天敌的主要越冬场所，注意保护
		追肥	锄冬草，追花前肥，以氮肥为主
		降低越冬害虫基数	萌芽前喷5°Be′石硫合剂，在彻底刮除老树皮基础上喷石硫合剂
4月	开花前后	疏花	上旬疏花蕾、中旬疏花、人工授粉
		防治虫害	花后防治蚜虫、梨木虱、梨茎蜂
		追肥	花后追肥、灌水，松土除草

续表

时间	物候期	管理项目	管理内容
5月	新梢生长、幼果膨大	防治黑星病	防治黑星病，下旬开始每隔15 d喷1次石灰倍量式波尔多液，并与退菌特或氰菌唑交替使用
		疏果套袋	中旬疏果，有条件可套袋。套袋前喷1次杀菌杀虫剂
		防治虫害	防治蚜虫、梨大食心虫、梨实蜂、椿象，可喷25%的灭幼脲3号2000倍液
6月	新梢停长期、果实膨大期	夏季修剪	摘心、环剥、拉枝开角
		追肥	追施果实膨大肥，以氮肥为主。配磷、钾肥，浇水松土
		防治虫害	摘虫果，糖醋液诱杀梨小食心虫，扑杀天牛、金龟子
7月	长梢停长，叶片形成，早熟品种成熟，中晚熟品种膨大	树体管理	树体进行一次全面整理：支撑被果实压弯的大枝，回缩或缩除伸进作业道的长枝、拉地枝、株间交叉枝、冠内过密枝。直立枝、角度小的枝拉枝开角
		追肥	早熟品种适时采收，采后立即追施采后肥。中晚熟品种施果实膨大肥，以磷、钾肥为主。雨水过多，注意排涝
		防治病虫害	防治红蜘蛛、梨小食心虫、桃蛀螟、黑心病、轮纹病，可70%的甲基托布谨可湿性粉剂800～1000倍液+30%的蛾螨灵乳油1500倍液+2.5%的高效氯氟氰菊酯乳油3000倍液
8月	中熟品种成熟，晚熟品种出现第2次生长高峰	防治病虫害	喷50%的多菌灵或甲基托布津800～1000倍液，同时混合杀螟松1000～2000倍液或50%的功夫乳剂3000倍液。主要防治轮纹病、黑星病、梨小食心虫、黄粉蚜、舟形毛虫、椿象等。结合喷药进行叶面施肥

续表

时间	物候期	管理项目	管理内容
8月	中熟品种成熟，晚熟品种出现第2次生长高峰	果实管理	及时采收中熟品种，防止采前落果，月底准备晚熟品种采收
9—10月	果实成熟	秋施基肥	10月下旬施基肥，配合氮钾，约2500 kg/亩，幼树少施，盛果期多施，并灌休眠越冬水
		加强采后管理	采后加强管理，立即施基肥 + 速效肥，可叶面喷布0.3%的尿素。同时注意病虫防治

思考题

结合前面有关内容，试总结红梨规模化优质丰产栽培的关键技术？

第十二章　红梨规模化栽培管理工具机械研发

一、果树嫁接刀

（一）研发背景

通过果树嫁接技术培育新品种，是改良果树品种常用的技术手段之一，在嫁接过程中，嫁接刀是必备的嫁接工具。现有技术中有一种常用的顶芽贴接的嫁接方式。削砧木时，在砧木顶端斜削一刀；削穗时，用同样的方法取得带芽接穗，用刀片削出接穗和分割砧木后，将接穗接到砧木的分割处，完成果树的嫁接工作。现有的嫁接刀大多由刀片和手柄组成，用刀片直接削砧木或者接穗时，以手作为果枝底部支撑，容易割伤手或者损伤幼芽。

（二）研发目的及设计内容

本实用新型发明的目的是提供一种果树嫁接刀，解决现有的嫁接刀，用刀片直接削砧木或者接穗时，以手作为果枝底部支撑，容易割伤手或者损伤幼芽的问题。

果树嫁接刀，具体如图 12-1 至图 12-4 所示，包括刀柄壳 1，刀柄壳 1 的外周为立方体形状，内部为圆柱形空腔，刀柄壳 1 具有头端端面、尾端端面、顶部、底部、第一侧面和第二侧面。刀柄壳 1 的底部沿圆柱形空腔的轴向开设有矩形开口 11，矩形开口 11 的宽度小于圆柱形空腔的半径，长度等于圆柱形空腔的长度，并且矩形开口 11 与圆柱形空腔连通，使刀柄壳 1 的内部形成开口小底部大的空腔，其横截面类似于化学实验用烧瓶的形状。刀柄壳 1 的头端端面垂直固定有第一固定板 2 和第二固定板 3，第一固定板 2 和第二固定板 3 对称地分布在矩形开口 11 的两侧，并且均与刀柄壳 1 的底面平行。刀柄壳 1 的第一侧面上纵向（即沿刀柄壳 1 内部圆柱形空腔的径向

设置）开设有第一螺纹排孔 12；第二侧面上纵向开设有第二螺纹排孔，且第一螺纹排孔 12 与第二螺纹排孔对称设置，即第一侧面设置第一螺纹排孔 12，第二侧面对称地设置了第二排螺纹孔，其中，第一螺纹排孔 12 和第二螺纹排孔均是由若干个形状和结构均相同的单一螺纹孔组成，第一螺纹排孔 12 和第二螺纹排孔中，单一螺纹孔的位置、形状和结构均是一一对称关系。第一固定板 2 的侧面上开设有垂直于刀柄壳 1 头端端面的第三螺纹排孔 21，并且第三螺纹排孔 21 和第一螺纹排孔 12 位于刀柄壳 1 的同一侧。第二固定板 3 的侧面上开设有垂直于刀柄壳 1 头端端面的第四螺纹排孔，并且第四螺纹排孔和第二螺纹排孔位于刀柄壳 1 的同一侧。刀柄壳 1 的两侧对称设置活动板 4，其中一个活动板 4 的两端分别可拆卸地连接在第一螺纹排孔 12 和第三螺纹排孔 21 上，倾斜成一定角度，另一个活动板 4 的两端分别可拆卸地连接在第二螺纹排孔和第四螺纹排孔上，也倾斜成一定角度，每个活动板 4 上均横向开设有滑槽 41，且滑槽 41 的长度略小于活动板 4 的长度即可。第一固定板 2 外边缘与刀柄壳 1 的外边缘（第一侧面外边缘）齐平，活动板 4 与第一固定板 2 的外侧面、第一侧面之间组成类似于三角形的形状；第二固定板 3 外边缘与刀柄壳 1 的外边缘（第二侧面外边缘）齐平，活动板 4 与第二固定板 3 的外侧面、第二侧面之间均组成类似于三角形的形状；两个活动板 4 之间设有沿滑槽 41 上下滑动的刀片 5，刀片 5 的两端分别穿过两个活动板 4 上的滑槽 41，并且刀片 5 两端端部分别设有可拆卸的滑块 42，滑块 42 的宽度大于滑槽 41 的宽度，滑块 42 与活动板 4 之间留有 1～2 mm 的间隙。在使用嫁接刀过程时，首先将刀片 5 沿滑槽 41 滑动至活动板 4 的顶端，然后将需要削剪的果枝穿过刀柄壳 1 的空腔，一直延伸至第一固定板 2 和第二固定板 3 远离刀柄壳 1 的一端，带芽的一侧从矩形开口 11 处暴露于刀柄壳 1 外部，不带芽的一侧对准刀片 5，削果枝的时候，一手按住滑块 42，将刀片 5 滑动，另一手握住刀柄壳 1 和果枝，保持果枝和整个嫁接刀的稳定，然后滑动刀片 5 即可。由于活动板 4 倾斜，从而滑槽 41 也倾斜了一定的角度，当刀片 5 沿滑槽 41 滑动时，将果枝削成斜面，避免了以手作为果枝底部支撑，容易割伤手或者损伤幼芽的问题，操作方便、适用性强。

为保证本实用新型嫁接刀具有较长的使用寿命，刀柄壳 1、第一固定板 2、第二固定板 3、活动板 4 使用不锈钢材质；为了节约成本，也可采用硬塑料材质。第一螺纹排孔 12、第二螺纹排孔、第三螺纹排孔 21 和第四螺纹排孔的形状和大小均相同，活动板 4 分别通过穿过滑槽 41 的螺纹杆螺接在第一螺纹排孔 12、第三螺纹排孔 21，或者第二螺纹排孔、第四螺纹排孔上。每个螺纹杆的外端端部均固定有堵头，旋紧螺纹杆则可固定活动板 4，堵头的宽度大于滑槽 41 的宽度，防止刀片 5 在垂直于滑槽 41 的方向晃动，通过将不同的螺纹杆螺接于不同的单一螺纹孔内，实现活动板 4 的角度调节及刀片 5 切割距离的调节，灵活性强。螺纹杆的长度小于第一螺纹排孔 12 中单一螺纹孔的深度，将与第一螺纹排孔 12、第二螺纹排孔、第三螺纹排孔 21、第四螺纹排孔连接的螺纹杆分别命名为第一螺纹杆、第二螺纹杆、第三螺纹杆和第四螺纹杆。位于第一螺纹排孔 12 一侧的活动板 4 命名为第一活动板，另一个活动板 4 命名为第二活动板，且第一螺纹杆、第二螺纹杆、第三螺纹杆和第四螺纹杆的形状和大小相同。第一螺纹杆的内端同时穿过第一螺纹排孔 12 的某个单一螺纹孔和第一活动板的滑槽 41，第三螺纹杆同时穿过第三螺纹排孔的某个单一螺纹孔和第一活动板的滑槽 41，将其中一个活动板 4 连接于刀柄壳 1 的一侧；类似地，第二螺纹杆同时穿过第二螺纹排孔 21 的某个单一螺纹孔和第二活动板的滑槽 41，第四螺纹杆同时穿过第四螺纹排孔的某个单一螺纹孔和第二活动板的滑槽 41，第一螺纹杆将活动板 4 可拆卸地连接在刀柄壳 1 的另一侧。滑块 42 为塑料滑块，滑块 42 的内侧开设有凹槽，刀片 5 的两端分别插接于滑块 42 的凹槽内，实现滑块 42 的可拆卸连接，方面更换刀片；凹槽和刀片 5 之间设有海绵圈 51，以增加连接的稳定性。刀片 5 的一侧为平滑刀片，另一侧为锯齿形刀片，可根据果枝的韧性，选择平滑刀片或者锯齿形刀片，具有较好的灵活性。滑块 42 的外侧设有防滑波纹，人工操作的时候增加手指与滑块 42 的摩擦力。刀柄壳 1 的内壁上设有缓冲棉，防止削枝过程中，刀柄壳 1 对果枝产生损伤。另外，由于果枝的粗细不一定，可通过增加或减少缓冲棉的数量来调节果枝与刀柄壳 1 的贴合程度，以方便快速削枝。

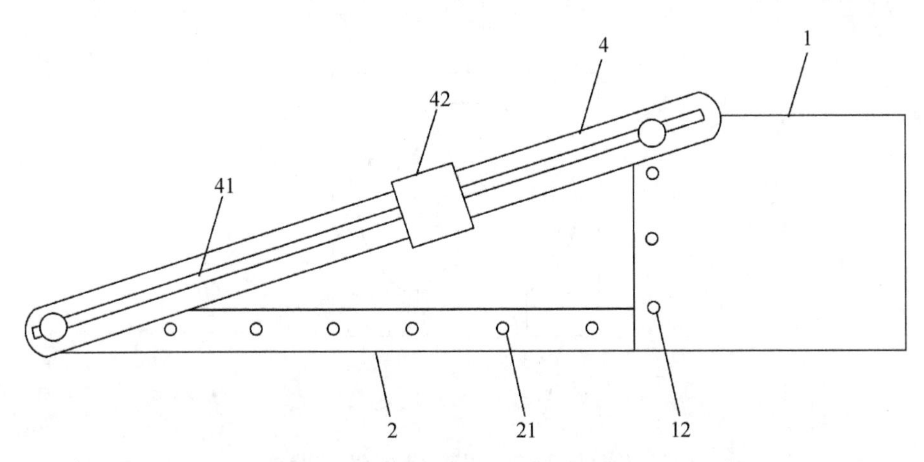

1—刀柄壳；12—第一螺纹排孔；2—第一固定板；21—第三螺纹排孔；
4—活动板；41—滑槽；42—滑块

图 12–1　果树嫁接刀的结构示意

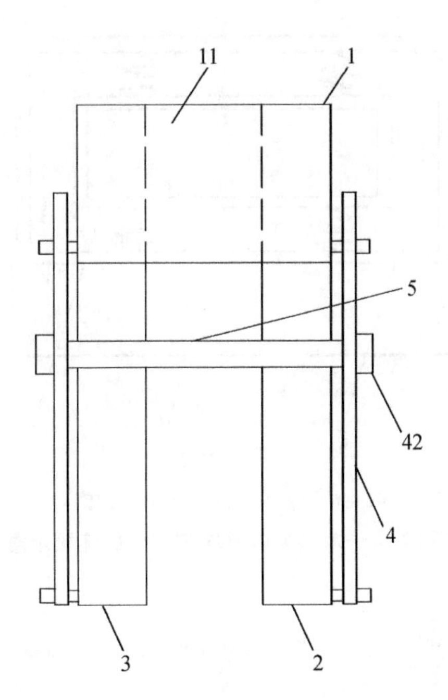

1—刀柄壳；11—矩形开口；2—第一固定板；3—第二固定板；4—活动板；42—滑块；5—刀片

图 12–2　果树嫁接刀的俯视

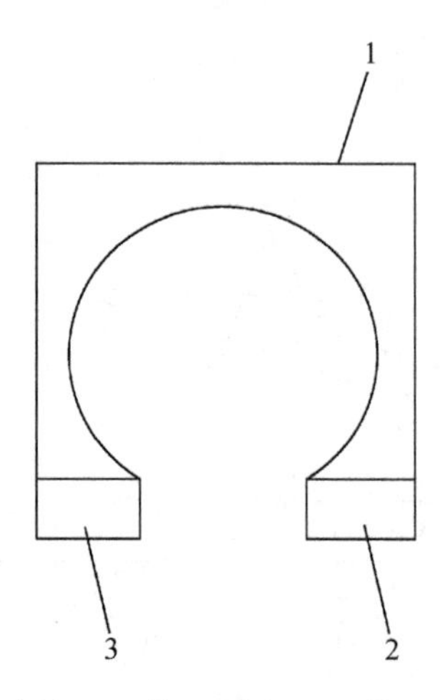

1—刀柄壳；2—第一固定板；3—第二固定板

图 12-3　果树嫁接刀中刀柄壳与第一固定板、第二固定板的连接示意

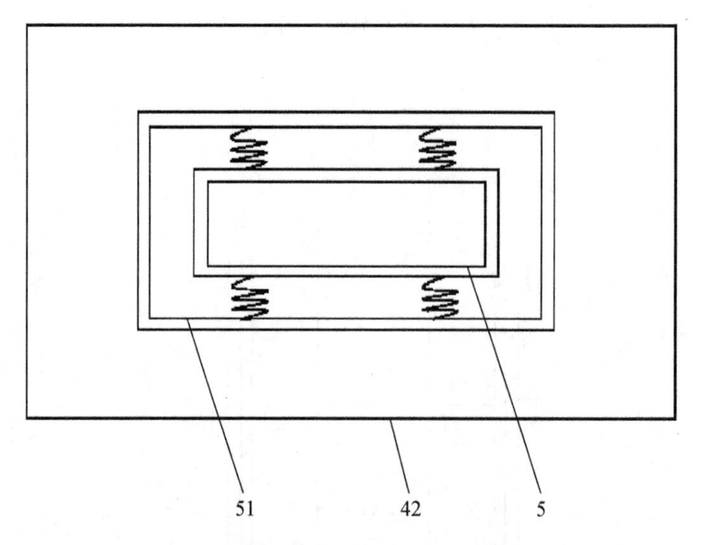

42—滑块；5—刀片；51—海绵圈

图 12-4　嫁接刀中滑块与刀片的连接示意

二、果树授粉器

（一）研发背景

根据植物的授粉方式不同，可分为自然授粉和人工辅助授粉。人工辅助

授粉是指用人工方法把植物花粉传送到柱头上以提高坐果率的技术措施。在果树生产上，对自花不结实，雌雄异株而异花及雌雄异株的果树；在缺乏授粉树或花期气候恶劣、影响正常自然授粉的情况下，也常需进行人工授粉。大部分果树的花粉粒大而黏重，靠风力传播的距离有限，并且花期很短。如果花期遇上寒流、阴雨天、沙尘暴、干热风等不利于昆虫活动的恶劣天气，进行人工授粉是增加果园产量的唯一途径。但是现有的授粉器在使用过程中，对授粉量多少和授粉次数的控制不准确，从而浪费了大部分的花粉，同时现有的授粉器大都需要人工操作，这样不可避免地增加了成本。

（二）研发目的及设计内容

研发目的：研究一种果树授粉器，可解决现有技术中，果树授粉器使用的过程中，对授粉量的多少控制不准确、浪费大部分花粉，同时需要大量人工操作的问题。

如图 12-5 至图 12-7 所示，该授粉器包括：液压升降座 1，液压升降座 1 上螺纹连接有固定座 2，固定座 2 通过旋转关节与臂一 3 连接，臂一 3 通过旋转关节与臂二 4 连接，臂二 4 通过旋转关节与臂三 5 连接；臂二 4 上设有活塞杆 8，活塞杆 8 的一端连接有活塞缸 9，活塞缸 9 通过管道与设置在臂二 4 上的料箱的进气口 14 连接，料箱还包括有粉仓 10、进料管 11、转阀 12 和出料管 13，粉仓 10、进料管 11、转阀 12 和出料管 13 依次从上到下分布在料箱内，转阀 12 与进气口 14 相通，出料管 13 通过管道连接有授粉头 15，授粉头 15 固定在臂三 5 上，授粉头 15 包括筒一 15－1 和筒二 15－2，筒一 15－1 上开有多个大孔 15－11，筒二 15－2 上开有多个小孔 15－12，筒二 15－2 嵌套在筒一 15－1 内；活塞杆 8 的另一端通过气管 7 与设置在液压升降座 1 上的气缸 6 连接，气缸 6 与设置在液压升降座 1 上的控制器 16 连接，控制器 16 与设置在液压升降座 1 内的蓄电池电连接。授粉器通过控制器控制气缸，推动活塞杆，从而使转阀运动，进而可以使粉仓中的粉料输送到授粉头中，从而达到授粉的效果；同时，转动授粉头，可以方便调节授粉孔的大小，进一步有效地控制授粉量，节约大部分的花粉，降低成本，提高授粉的成功率，减轻操作人员的工作压力，同时还设有液压升降座，通孔调节液压升降座的高度，可以对不同高度的梨树进行授粉，提高授粉的效率。液压升降座 1 的底面安装有滚轮，滚轮带有自锁结构。臂一 3 为可伸缩性臂杆。气管 7 通过卡扣固定在臂一 3 上。

该授粉器包括：液压升降座，液压升降座上螺纹连接有固定座，固定座通过旋转关节与臂一连接，臂一通过旋转关节与臂二连接，臂二通过旋转关节与臂三连接；臂二上设有活塞杆，活塞杆的一端连接有活塞缸，活塞缸通过管道与设置在臂二上的料箱的进气口连接，料箱还包括有粉仓、进料管、转阀和出料管，粉仓、进料管、转阀和出料管依次从上到下分布在料箱内，转阀与进气口相通，出料管通过管道连接有授粉头，授粉头固定在臂三上，授粉头包括有筒一和筒二，筒一上开有多个大孔，筒二上开有多个小孔，筒二嵌套在筒一内；活塞杆的另一端通过气管与设置在液压升降座上的气缸连接，气缸与设置在液压升降座上的控制器连接，控制器与设置在液压升降座内的蓄电池电连接。果树授粉器转阀的设置，可以使粉仓按一定量进入授粉头中，从而实现花粉的授粉量的控制；同时，授粉头两级套筒的设置，可以方便调节授粉口的大小，进一步更好地控制授粉量的多少，节约了大部分的花粉，降低成本，提高授粉的成功率，减轻了操作人员的工作压力，同时，还设有液压升降座，通孔调节液压升降座的高度，可以对不同高度的李树进行授粉，提高授粉的效率。

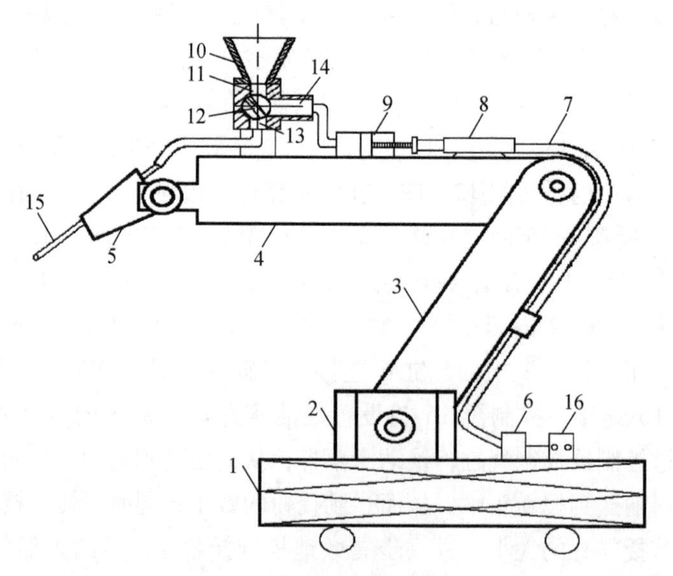

1—液压升降座；10—粉仓；11—进料口；12—转阀；13—出料口；14—进气口；15—授粉头；16—控制器；2—固定座；3—臂一；4—臂二；5—臂三；6—气缸；7—气管；8—活塞杆；9—活塞缸

图 12-5　授粉头示意

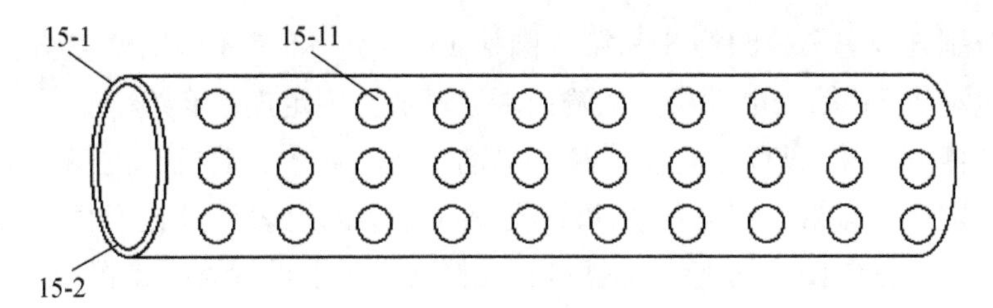

15－1—筒一；15－11—大孔；15－2—筒二

图 12–6　授粉头示意

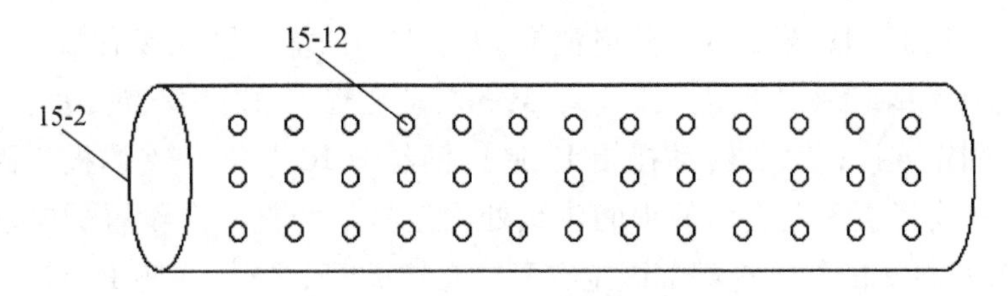

15－2—筒二；15－12—小孔

图 12–7　筒二示意

三、果树可移动式自动升降修剪梯

（一）研发背景

在果树种植中，为调节营养生长与生殖生长之间的矛盾，改善通风透光条件，提高坐果率，达到合理负载，生产出优质果品，需要对果树枝叶进行修剪。由于梨树干性较强，树体相对高大，不借助梯子很难进行到位修剪。人工攀爬到果树上进行修剪，容易造成安全事故；而使用高枝剪进行修剪，由于距离较远，很难控制修剪的效果。为定位、精确修剪，设计一种安全便捷的果树修剪梯很有必要。

（二）研发目的及设计内容

果树可移动式自动升降修剪梯，可解决现有技术中还未有一种能够安全便捷地辅助人们对果树进行修剪的果树修剪梯的问题。

如图 12–8 所示，果树可移动式自动升降修剪梯，包括支撑底座 1，支撑底座 1 相对的两侧通过转轴安装有 4 个第二滚轮 6；支撑底座 1 上表面的两端分别开设有第一圆槽 8 和第二圆槽 14；第一圆槽 8 内沿竖直方向设置第一电动机 7；第一电动机 7 的输出端通过法兰固定连接有第一转动托辊 9；第二圆槽 14 内沿竖直方向设置第二电动机 5；第二电动机 5 的输出端通过法兰固定连接有第二转动托辊 13；支撑底座 1 的上表面开设有两条沿支撑底座 1 长度方向设置的直线顺槽 11；支撑底座 1 上设置第一支撑板 3；第一支撑板 3 的底面上安装有 4 个第一滚轮 4；4 个第一滚轮 4 分别位于对应的直线顺槽 11 内；第一支撑板 3 的 4 个拐角处分别固定有竖支撑柱 16；竖支撑柱 16 的上端固定有第三支撑板 17；第三支撑板 17 的上表面固定有第二太阳能电池板 19；第二太阳能电池板 19 相对的两侧分别铰接有第一太阳能电池板 18 和第三太阳能电池板 20；第一转动托辊 9 通过钢丝绳 10 与第一支撑板 3 固定连接；第二转动托辊 13 通过钢丝绳 10 与第一支撑板 3 固定连接；第一支撑板 3 上表面的中间位置处固定有沿竖直方向设置的电动推杆 2；电动推杆 2 的伸缩杆端部固定有第二支撑板 15；支撑底座 1 上设置蓄电池 12；第一太阳能电池板 18、第二太阳能电池板 19 和第三太阳能电池板 20 分别与蓄电池 12 电性连接；第二支撑板 15 上设置第一控制开关、第二控制开关和第三控制开关；电动推杆 2 通过第一控制开关与蓄电池 12 电性连接；第二电动机 5 通过第二控制开关与蓄电池 12 电性连接；第一电动机 7 通过第三控制开关与蓄电池 12 电性连接。第一太阳能电池板 18 和第三太阳能电池板 20 分别通过折页与第二太阳能电池板 19 铰接。第一圆槽 8 的直径大于第一电动机 7 的直径；第二圆槽 14 的直径大于第二电动机 5 的直径。第二滚轮 6 的外圈设置橡胶轮胎。

该果树可移动式自动升降修剪梯，当需要对较高的果树进行修剪时，使用者只需站到第二支撑板 15 上，根据所需要的高度通过第一控制开关启动电动推杆 2 将其升高到相应的位置，使得果树修剪梯能够便捷地调节高度；当对在竖直方向的果树枝叶修剪好时，根据需要通过第二控制开关或第三控制开关启动相应的第二电动机 5 或第一电动机 7，在第二电动机 5 或第一电动机 7 的牵引下，使得第一支撑板 3、竖支撑柱 16 及第三支撑板 17 组成的结构可以向左或向右移动，使得可以便捷地对两侧的果树枝叶进行修剪；站人的第二支撑板 15 通过设置在 4 个竖支撑柱 16 的中间位置处，可以起到对人的防护作用，提高安全效果；通过设置的第一太阳能电池板 18、第二太阳能电池板 19 和第三太阳能电池板 20，可以提供清洁的电能存储在蓄电池 12 中，以便供电动推杆 2、第二电动机 5 及第一电动机 7 使用，使得节能环

保，并且其中的第一太阳能电池板 18 和第三太阳能电池板 20 分别与第二太阳能电池板 19 铰接。当不使用果树修剪梯时，可以将果树修剪梯推到太阳下，打开第一太阳能电池板 18 和第三太阳能电池板 20 对蓄电池 12 充电；当使用果树修剪梯时，合闭第一太阳能电池板 18 和第三太阳能电池板 20，这样设计可有效地保护太阳能电池板，提高使用寿命。

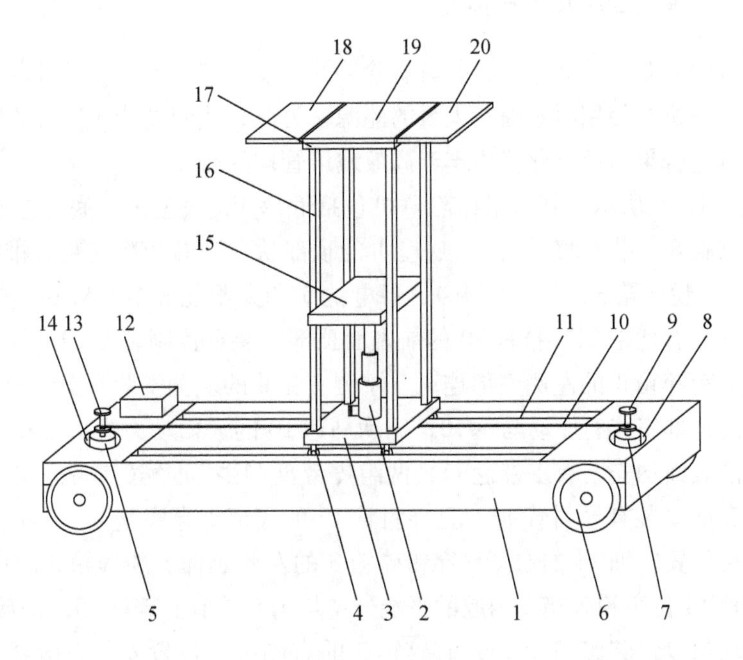

1—支撑底座；2—电动推杆；3—第一支撑板；4—第一滚轮；5—第二电动机；6—第二滚轮；7—第一电动机；8—第一圆槽；9—第一转动托辊；10—钢丝绳；11—直线顺槽；12—蓄电池；13—第二转动托辊；14—第二圆槽；15—第二支撑板；16—竖支撑柱；17—第三支撑板；18—第一太阳能电池板；19—第二太阳能电池板；20—第三太阳能电池板

图 12-8　果树可移动式自动升降修剪梯结构示意

四、新型果树除草机

（一）研发背景

果园杂草是制约果树优质丰产栽培的一个重要因素。传统的化学除草，虽省力高效，但农药残留量大，污染环境，不符合无公害果品生产发展的要求。采用人工除草，虽然可避免这些不利影响，但劳动强度大、投入人力成本高，不适用于规模化栽培果树。实行省力机械化已成为果树栽培管理上发展的一个趋势。因此，研制开发果园简易、省力式除草机已成为果树栽培上迫切需要解决的一大技术难题。

（二）研发目的及设计内容

现有的除草机功能单一，只具有除草的功能，满足不了使用需要，而且现有的除草机在使用时会浪费大量的能源，为此，我们设计一种新型果树除草机，以适合果树规模化优质丰产高效栽培管理的需要。

如图 12-9 所示，新型果树除草机包括底座 1，底座 1 的底部左右两侧均通过支腿 8 安装有移动轮 7，底座 1 的顶部从左到右依次安装有推杆 20、抽风机 2、粉碎箱 3、除草机构 4、蓄电池 5 和太阳能发电装置 6，推杆 20 的顶部安装有把手 21，推杆 20 的前表面顶部安装有控制装置 22，抽风机 2 的右侧与粉碎箱 3 的左侧底部连通，左侧支腿 8 的左侧安装有安装板 9，安装板 9 的顶部安装有驱动马达 10，驱动马达 10 的表面动力输出端和左侧滚轮 7 的前表面均安装有皮带盘 11，两组皮带盘 11 之间通过皮带连接，抽风机 2 的底部安装有导料管 12，且导料管 12 的底部贯穿底座 1，粉碎箱 3 的左侧中央位置转轴 14 的右侧贯穿粉碎箱 3 的左侧延伸至粉碎箱 3 的内腔右侧，转轴 14 位于粉碎箱 3 内腔的一端外壁均匀安装有破碎杆 15，破碎杆 15 的外壁均匀设置破碎刀片 16，破碎箱 3 的右侧中央位置安装有吸料管 17，吸料管 17 的底部贯穿底座 1，底座 1 的底部安装有液压缸 18，液压缸 18 的底部动力输出端安装有旋耕机构 19，且旋耕机构 19 位于导料管 12 的左侧，太阳能发电装置 6 与蓄电池 5 电性连接，蓄电池 5 与控制装置 22 电性连接，控制装置 22 分别与抽风机 2、除草机构 4、驱动马达 10、电机 13、液压缸 18 和旋耕机构 19 电性连接。其中，把手 21 的外壁套接有橡胶套，且橡胶套的外壁开有防滑螺纹。在使用时，提高了使用者的手部舒适度，破碎刀片 16 焊接在破碎杆 15 的表面，提高了破碎刀片 16 的结构稳定性。

工作原理：通过太阳能发电装置 6 给蓄电池 5 充电。使用时，通过控制装置 22 开启抽风机 2、除草机构 4、驱动马达 10 和电机 13，除草机构 4 进行除草，抽风机 2 通过吸料管 17 将除后的杂草吸入粉碎箱 3 内，电机 13 带动转轴 14 和破碎杆 15 转动，通过破碎刀片 16 对杂草进行粉碎，粉碎后的杂草经过导料管 12 排出，在进行割草的同时，通过控制装置 22 开启液压缸

18 和旋耕机构 19，进行土壤的旋耕，旋耕土壤深度控制在 10 ~ 15 cm，压住打碎的杂草，杂草与少量土壤混合经风吹日晒雨淋，堆沤后又可作为有机肥料施用，可提高土壤有机质含量。

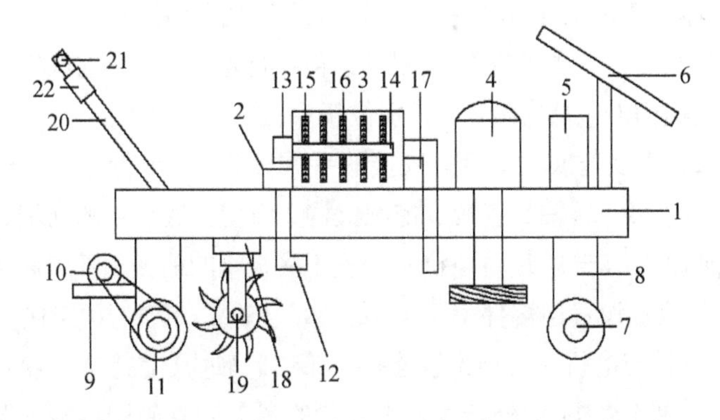

1—底座；2—抽风机；3—粉碎箱；4—除草机构；5—蓄电池；6—太阳能发电装置；7—移动轮；8—支腿；9—安装板；10—驱动马达；11—皮带盘；12—导料管；13—电机；14—转轴；15—破碎杆；16—破碎刀片；17—吸料管；18—液压缸；19—旋耕机构；20—推杆；21—把手；22—控制装置

图 12-9　一种果树除草机结构示意

五、新型果树施肥机

（一）研发背景

随着农村经济的不断发展，各种果园的种植面积也在不断扩大，果园施肥是一件必不可少的作业程序，在果树生产中起着关键作用。施肥质量直接影响着果树养分的吸收状况，合理施肥能使果树获得良好的生长条件，同时还可以节约肥料、降低成本。

目前，人们在果园为果树施肥，有的采用铁锹挖坑施肥的方式，效率非常低下；有的虽采用机械施肥，但施肥的深度往往达不到要求，花费了财力又不能完全起到施肥的效果。同时，虽有果园使用施肥机，但都是只完成工作量的一半，犁沟、施肥，埋土时还需要人工操作，工作效率很低，劳动强度也很大。

（二）研发目的及设计内容

新型果树施肥机的研发目的在于，解决现有的果树施肥机不能犁沟、施肥，埋土一体化造成的工作效率低及劳动强度大的问题。

如图12-10所示，新型果树施肥机，包括行走机构1、挖坑机构2及施肥机构3。行走机构1包括底板4、分别位于底板4前后两侧的一个导向轮5和两个行走轮6，以及与底板4后端铰接的手推杆7；两个行走轮6分别位于底板4两侧且通过第一转轴8连接。挖坑机构2设置于底板4的前端，包括电机9、第二转轴10及破土犁11，电机9设置于底板4的前侧顶部，底板4的底部对应电机9的位置设置连接件12，连接件12与第二转轴10连接，第二转轴10两端通过皮带与电机9的输出轴连接，第二转轴10上并排设置多个圆盘状的破土犁11，破土犁11的外端设置尖齿状的犁头13。施肥机构3设置于底板4中部，包括设置于底板4顶部的放料箱14和贯穿底板4的下料管15，放料箱14顶部设置进料斗16，下料管15上部设置贯穿的第三转轴17，第三转轴17上位于下料管15内部设置螺旋叶片，第三转轴17与第一转轴8通过皮带连接。手推杆7上部设置把手18，把手18表面设有带防滑花纹的橡胶保护套。导向轮5为万向轮，导向轮5上设置防滑齿。底板4底部后侧设置封土板19。

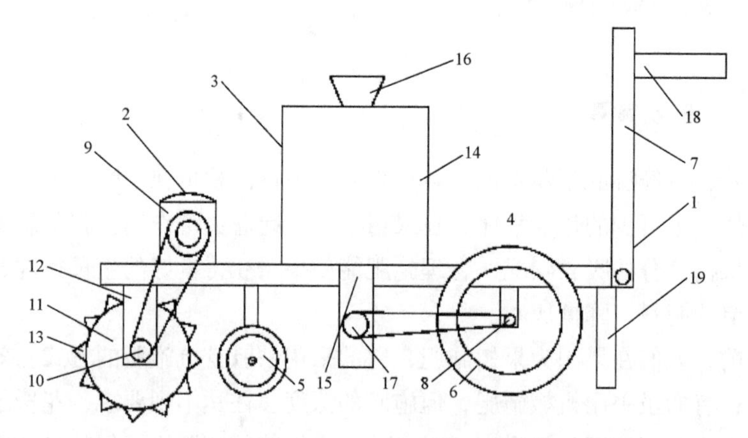

1—行走机构；2—挖坑机构；3—施肥机构；4—底板；5—导向轮；6—行走轮；7—手推杆；8—第一转轴；9—电机；10—第二转轴；11—破土犁；12—连接件；13—犁头；14—放料箱；15—下料管；16—进料斗；17—第三转轴；18—把手；19—封土板

图12-10　新型果树施肥机的结构示意

六、梨树拉枝器

（一）研发背景

拉枝是梨树生产管理的重要环节，主要用于改善树体的光照条件，抑制营养生长，促进生殖生长，减少树体的营养消耗，调节营养生长和生殖生长的平衡，促进花芽形成，是保证梨树优质、丰产、稳产的重要措施。拉枝的方法对于梨树花芽的形成影响较大。传统的方法是使用绳子一端系在需要修正的树枝上，一端系在树干上（或用橛子固定在地上），这样操作费时费力，并且效果较差。现有的梨树拉枝器容易与梨树发生脱节，特别是拉枝器使用一段时间后，树枝逐渐生长，弹力增大，两者很容易脱节，无法达到拉枝效果。并且，目前使用的拉枝器下端一般是通过拉绳或者盛物袋盛装重物固定，固定不稳定，且操作烦琐。

（二）研发目的及设计内容

设计梨树拉枝器的目的是解决梨树拉枝器固定不稳、容易与树枝脱节的问题。

梨树拉枝器，如图 12-11、图 12-12 所示，包括卡环Ⅰ1、卡环Ⅱ2、转轴 3、螺栓Ⅰ4 和拉杆 5，卡环Ⅰ1 和卡环Ⅱ2 整体均为半圆形，卡环Ⅰ1 和卡环Ⅱ2 一端通过转轴 3 相互叠放活动连接，卡环Ⅰ1 表面沿圆弧方向均匀设有多个螺纹孔Ⅰ11，卡环Ⅱ2 表面沿圆弧方向均匀设有多个螺纹孔Ⅱ21，螺纹孔Ⅰ11 和螺纹孔Ⅱ21 均能够螺接螺栓Ⅰ4，方便根据不同梨树树干尺寸要求，调整卡环Ⅰ1 和卡环Ⅱ2 另一端交叉位置，使其适用于不同尺寸梨树的拉枝，卡环Ⅰ1 和卡环Ⅱ2 另一端通过螺栓Ⅰ4 相互叠放固定连接形成封闭结构，卡环Ⅰ1 和卡环Ⅱ2 外部沿圆弧方向均焊接有多个挂耳，挂耳设有通孔，当需要拉枝时，将拉杆 5 穿过通孔与挂耳连接；拉杆 5 包括套管 52、伸缩杆 54、挂钩 51、螺栓Ⅱ53 和拉枝钩 55，套管 52 为一端密封的中空管，套管 52 密封端焊接有挂钩 51，挂钩 51 穿过通孔，使拉杆 5 挂耳连接，套管 52 开口一端管壁设有螺纹孔Ⅲ，螺纹孔Ⅲ上螺接有螺栓Ⅱ53，伸缩杆 54 套装于套管 52 内，伸缩杆 54 能够在套管 52 内相对于套管 52 运动并由螺栓Ⅱ53 锁定，伸缩杆 54 一端延伸至套管 52 外部与拉枝钩 55 固定连接。为了根据不同尺寸的梨树要求，调整卡环Ⅰ和卡环Ⅱ另一端交叉位置并通过螺栓Ⅰ4固定，螺纹孔Ⅰ11和螺纹孔Ⅱ21数量相等且位置相对应。为了方便固定伸缩杆54，伸缩杆54为圆柱状，伸缩杆54外表面周向均匀设置多个环形凹槽，凹槽宽度与螺栓Ⅱ53直径相适配。为了使伸缩杆54固定更加牢固，螺栓Ⅱ53长度大于套管52管壁厚度，以便螺栓Ⅱ53能插入凹槽中。为了更高效地拉枝，拉杆5数量与挂耳数量相等。

梨树拉枝器的使用方法：将卡环Ⅰ1和卡环Ⅱ2套在梨树树干上，根据梨树树干圆周尺寸，调整卡环Ⅰ1和卡环Ⅱ2的交叉位置，并用螺栓Ⅰ4依次穿过螺纹孔Ⅰ11和螺纹孔Ⅱ21固定，利用拉枝钩55钩住需要拉枝的梨树枝，调整伸缩杆54至合适长度，并通过螺栓Ⅱ53固定，将挂钩51插入挂耳中的通孔，使拉杆5固定在卡环Ⅰ1或卡环Ⅱ2上，从而实现拉枝目的。

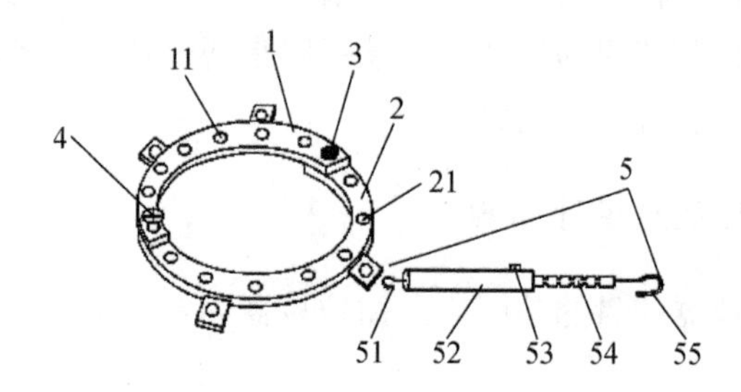

1—卡环Ⅰ；11—螺纹孔Ⅰ；2—卡环Ⅱ；21—螺纹孔Ⅱ；3—转轴；4—螺栓Ⅰ；5—拉杆；
51—挂钩；52—套管；53—螺栓Ⅱ；54—伸缩杆；55—拉枝钩

图12–11　梨树拉枝器的结构示意

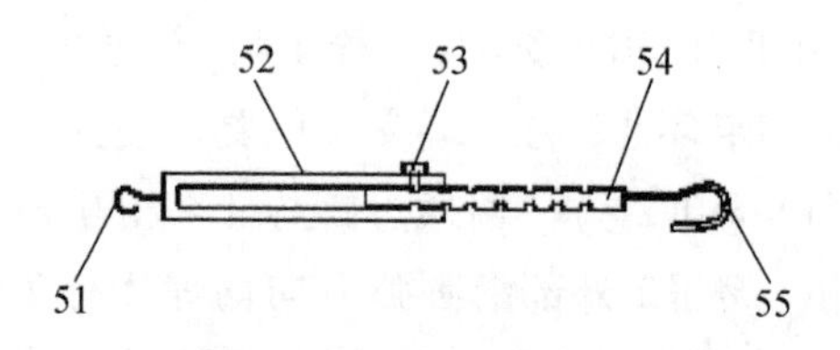

51—挂钩；52—套管；53—螺栓Ⅱ；54—伸缩杆；55—拉枝钩

图12–12　图67中拉杆的剖视示意

七、果树高枝修剪装置

（一）研发背景

高枝剪作为果树枝叶的一种有效修剪工具一直被果农广泛使用，现有的果树修剪工具在修剪枝条时会落下大量的被修剪下的树枝，这些树枝直接铺在地面上从而会为对树木有害的微生物和害虫的大量繁殖提供条件，造成有害微生物和害虫数量增多，不利于树木的健康生长。现有的工具在修剪果树枝条后并不能有效地对枝条进行收集，这增加了清理的难度。

（二）研发目的及设计内容

本高枝剪设计的目的是为了克服现有技术中的问题，提供一种果树高枝修剪装置。

如图 12-13 至图 12-15 所示，果树高枝修剪装置，包括储存箱 1 和修剪机构。修剪机构设置在储存箱 1 的上方，修剪机构包括电动伸缩杆 2 和电动剪刀 3，电动伸缩杆 2 的伸缩端末安装有第一伺服电机 4，第一伺服电机 4 与电动剪刀 3 电连接；储存箱 1 的一侧安装有推车手柄 5，储存箱 1 上部具有开口，储存箱 1 内部靠近推车手柄 5 的一侧设有置放箱，置放箱的高度小于储存箱 1，储存箱 1 内部设有倾斜挡板 6，倾斜挡板 6 的一端设置在置放箱上，倾斜挡板 6 的另一端设置在储存箱 1 的箱体内壁顶端，置放箱内设有蓄电池 7 和第二伺服电机 8，电动伸缩杆 2 设置在置放箱的一侧，且电动伸缩杆 2 与第二伺服电机 8 电连接，第一伺服电机 4 和第二伺服电机 8 均连接有电线，蓄电池 7 与第一伺服电机 4 和第二伺服电机 8 通过电线电连接，推车手柄 5 上设有控制器，控制器上设有控制面板 9，蓄电池 7 与控制器和控制面板 9 电连接，控制面板 9 上设有电源开关按钮 10、电动剪刀开启按钮 11、电动伸缩杆升降按钮 12 和电量显示屏 13。推车手柄 5 上设有防滑套。防滑套材质为硅胶或者橡胶。储存箱 1 的底部安装有万向轮，便于推动储存箱 1。电动伸缩杆 2 能伸缩的高度为 4 m，能对较高处的枝叶修剪。将电动剪刀与电动伸缩杆结合在一起使用，可省力，能够实现对不同高度果树枝叶的修剪，同时在修剪完树枝和树叶后能将其一并收集处理，减少了后期清理的问题，提高了使用效率，使得装置更加实用便捷。

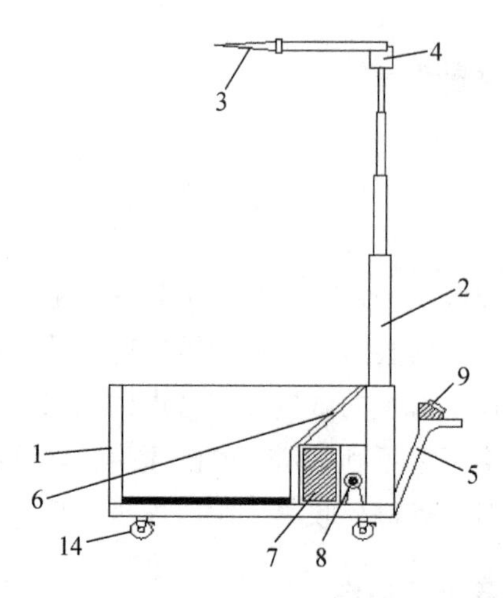

1—储存箱；14—万向轮；2—电动伸缩杆；3—电动剪刀；4—第一伺服电机；5—推车手柄；6—倾斜挡板；7—蓄电池；8—第二伺服电机；9—控制面板

图 12-13　果树高枝修剪装置的结构示意

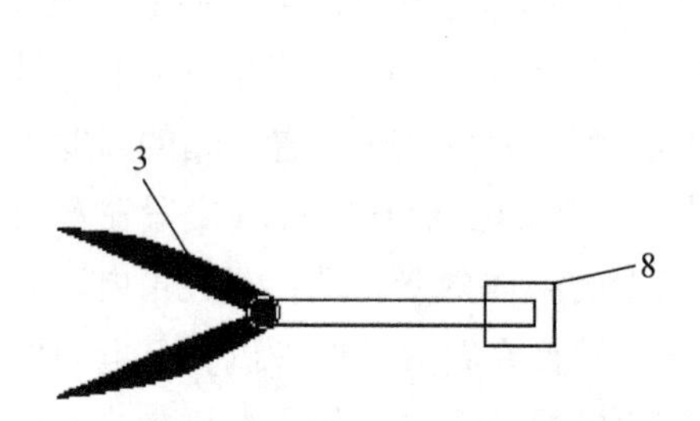

3—电动剪刀；8—第二伺服电机

图 12-14　电动剪刀的俯视示意

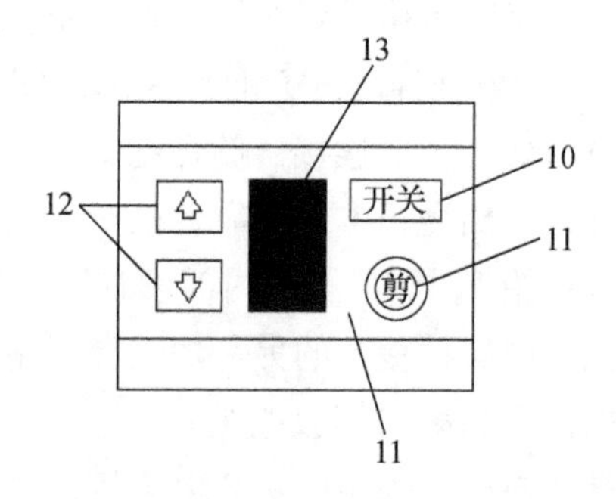

10—电源开关按钮；11—电动剪刀开启按钮；12—电动伸缩杆升降按钮；13—电量显示屏

图 12-15　电动剪刀控制面板的结构示意

八、果树的肥水一体化装置

（一）研发背景

肥水一体化技术是指将灌溉与施肥融为一体的一种新技术，肥水一体化

是借助压力系统，将可溶性固体或液体肥料，按土壤养分含量和果树的需肥规律和特点，配兑成的肥液与灌溉水一起，通过管道系统供水供肥，均匀准确地输送至果树根部区域，通过可控管道系统供水、供肥，使水肥相融后，通过管道和滴头形成滴灌，均匀、定时、定量浸润果树根系发育生长区域，使主要根系土壤始终保持疏松和适宜的含水量，同时根据果树的需肥特点，土壤环境和养分含量状况，果树不同生长期需水，需肥规律进行不同生育期的需求设计，把水分、养分定时定量，按比例直接提供给果树。现有的肥水一体化装置在对肥料和灌溉水进行混合时，混合不够均匀，且部分肥料颗粒较大，容易堵塞滴灌用的喷头，影响滴灌效果。为此，我们提出了一种用于果树的肥水一体化装置解决上述问题。

（二）研发目的及设计内容

果树的肥水一体化装置目的是为了解决现有技术中肥水搅拌不充分且含有大颗粒肥料的问题。

如图 12-16 至图 12-19 所示，果树的肥水一体化装置包括设置在其本体内的箱体 1，箱体 1 的外侧壁上固定连接有安装板 2，安装板 2 上同轴固定连接有电机 3，箱体 1 内设有用于对肥料进行粉碎的粉碎机构 4，粉碎机构 4 包括两根水平设置的粉碎轴 12，两根粉碎轴 12 的周身侧壁上均固定连接有多根粉碎刀片 13，位于两根粉碎轴 12 上粉碎刀片 13 交错设置，两根粉碎轴 12 的一端均转动贯穿箱体 1 并通过齿轮组 14 传动连接，齿轮组 14 包括相互啮合的两个齿轮 15。

两个齿轮 15 分别与两根粉碎轴 12 同轴固定连接，电机与粉碎机构 4 之间通过传动机构 5 传动连接，传动机构 5 包括第一皮带轮 16 和第二皮带轮 17，第一皮带轮 16 与电机 3 的驱动轴同轴固定连接，其中一根粉碎轴 12 的一端转动贯穿箱体 1 并与第二皮带轮 17 同轴固定连接，第一皮带轮 16 与第二皮带轮 17 之间通过皮带传动连接，粉碎机构 4 的下方设有用于对肥料和水进行搅拌的搅拌机构 6，搅拌机构 6 包括与箱体 1 内侧壁固定连接有横板 18，横板 18 下端与箱体 1 内底部转动连接有搅拌轴 19，搅拌轴 19 外固定连接有多个搅拌叶 20。

电机 3 与搅拌机构 6 之间通过驱动机构 7 传动连接，驱动机构 7 包括设置在横板 18 内的空腔 21，电机 3 的驱动轴转动贯穿箱体 1 和横板 18 并延伸至空腔 21 内，电机 3 的驱动轴位于空腔 21 内的一端同轴固定连接有第一斜齿轮 22，搅拌轴 19 的上端转动贯穿横板 18 并延伸至空腔 21 内，搅拌轴 19 的上端同轴固定连接有第二斜齿轮 23，第二斜齿轮 23 与第一斜齿轮 22 啮合连接，箱体 1 的上端固定连接有进料斗 8，箱体 1 的侧壁下方固定连接有出料管道 9，出料管道 9 上设有阀门 10，箱体 1 的前后侧壁上均固定连接有进水管道 11。

具体使用时，将肥料由进料斗 8 导入箱体 1 内，并将灌溉水由两个进水管道 11 导入箱体 1 内，然后开启电机 3，电机 3 的驱动轴带动第一皮带轮 16 和第一斜齿轮 22 转动，第一皮带轮 16 通过皮带带动第二皮带轮 17 转动，第二皮带轮 17 带动其中一根粉碎轴 12 转动，其中一根粉碎轴 12 带动其中一个齿轮 15 转动，其中一个齿轮 15 带动另一个齿轮 15 转动，另一个齿轮 15 带动另一根粉碎轴 12 转动，两根粉碎轴 12 带动多根粉碎刀片 13 转动，从而对粉料进行充分的粉碎；与此同时，第一斜齿轮 22 带动第二斜齿轮 23 转动，第二斜齿轮 23 带动搅拌轴 19 转动，搅拌轴 19 带动多根搅拌叶 20 转动，多根搅拌叶 20 对灌溉水和肥料进行充分的混合搅拌。

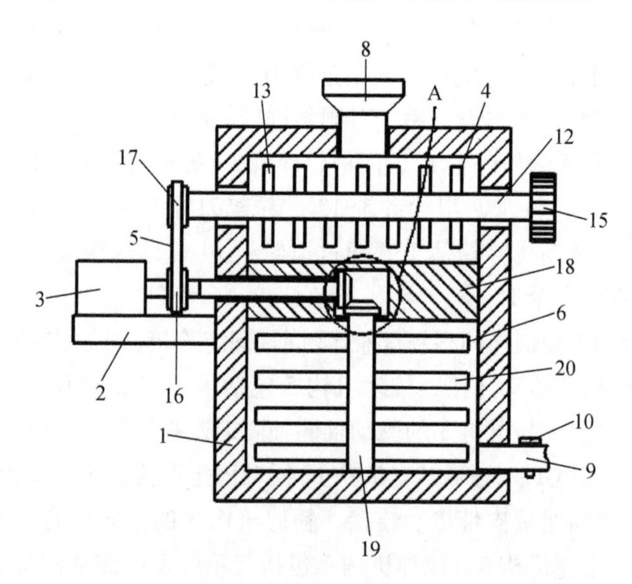

1—箱体；10—阀门；12—粉碎轴；13—粉碎刀片；15—齿轮；16—第一皮带轮；17—第二皮带轮；18—横板；19—搅拌轴；2—安装板；20—搅拌叶；3—电机；4—粉碎机构；5—传动机构；6—搅拌机构；8—进料斗；9—出料管道

图 12-16　果树的肥水一体化装置的正面结构透视

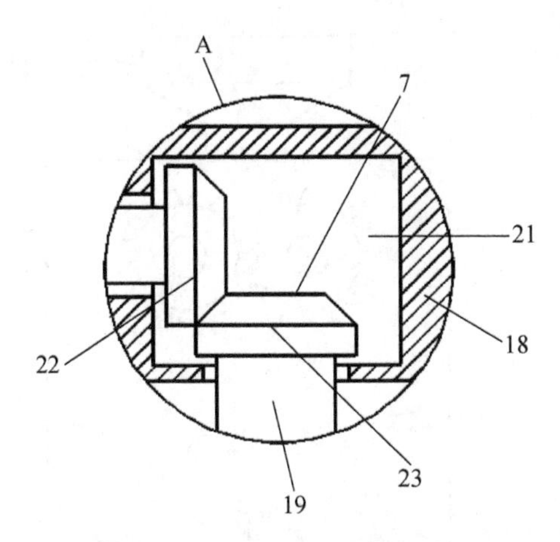

18—横板；19—搅拌轴；21—空腔；22—第一斜齿轮；23—第二斜齿轮

图 12-17　图 12-16 中 A 处的放大

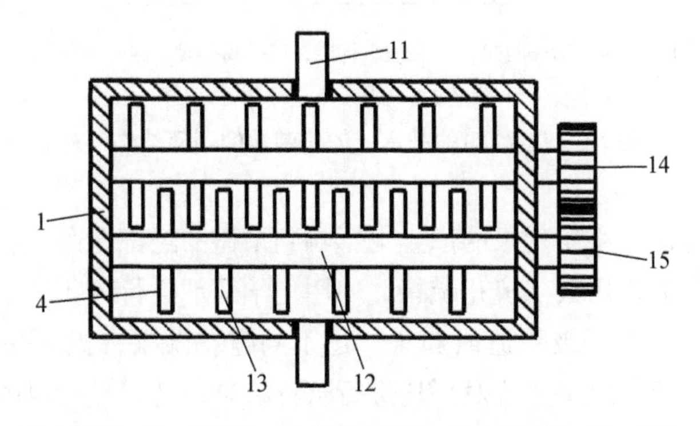

1—箱体；11—进水管道；12—粉碎轴；13—粉碎刀片；14—齿轮组；15—齿轮；4—粉碎机构

图 12-18　果树的肥水一体化装置的俯视结构透视

九、果树疏花疏果剪

（一）研发背景

近年来，梨树栽培管理方法有了很大改变，但进入盛果期的梨等经济树种往往开花坐果量过多，如果不进行疏花疏果常导致结果量过大，会严重影响果实品质、果园经济效益下降，树体往往因为结果过多而影响树势，产生

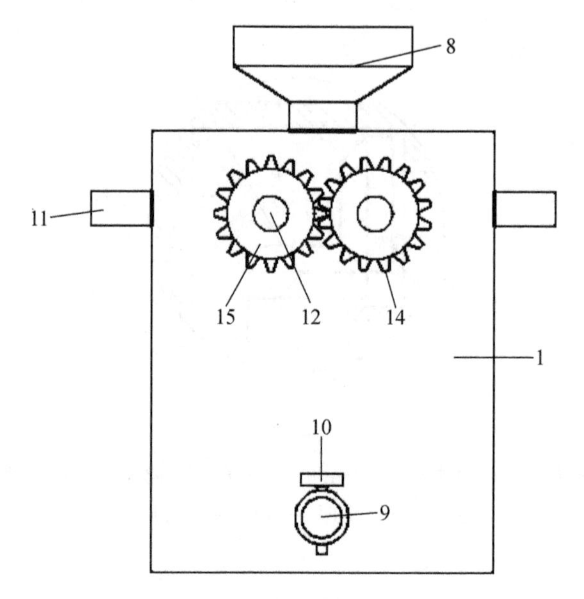

1—箱体；10—阀门；11—进水管道；12—粉碎轴；14—齿轮组；
15—齿轮；8—进料斗；9—出料管道

图 12-19　果树的肥水一体化装置的侧面结构示意

大小年现象。而大小年现象的产生也影响到果树的经济性命。在对果树进行疏花疏果时一般采用人工疏花疏果，使用化学药剂进行疏花疏果较少，也不易掌握，使用不当，极易造成药害，达不到疏花疏果，提高果实品质的目的。使用人工疏花疏果方法对果树进行疏花疏果，特别是对树体内部或较高位置进行疏花疏果时还要使用高梯、高凳或攀爬到树冠上部，这不仅操作不方便，在攀爬时还往往对果树枝干造成损害，影响果树生长。

（二）研发目的及设计内容

本工具的目的是针对果树疏花疏果上存在的问题，设计一种对梨树等果树树冠上部或内部进行疏花疏果的工具——疏花疏果剪，达到使用灵活、方便的目的。

如图 12-20 至图 12-22 所示，该工具包括一由固定刀口 1 和活动刀口 2 及撑簧 14 组成的剪刀、一内延长管 4、一外延长管 6、一固定塞 7 和活动塞 8 组成的滑动套、一钢索 5、一转向轮 15、一握柄 10 和一卷索轮 9，固剪塞 3 和固轮塞 13 分别设在内延长管 4 的上端和外延长管 6 的下端，钢索 5 通过

固剪塞3、内延长管4、滑动套、外延长管6的中空位置，并经转向轮15转向后在外延长管6下端伸出后由固索螺丝11固定在固索孔12内；固定刀口1固定在固剪塞3上，固定刀口1和活动刀口2上设有撑簧14；内延长管4下端设有固定塞7和活动塞8组成的滑动套，固定塞7上端外径与内延长管4内径相等，塞入并固定在内延长管4下端；固定塞7下端外缘为椭圆形，活动塞8下端外部套在固定塞7下端，活动塞8下端套在固定塞7下端的部分其内部中空部分即内缘也为椭圆形，外缘为圆形并设由缺口，固定塞7下端外缘与活动塞8套在固定塞7外部的部分即内缘由0.3 cm的空隙；活动塞8下端外径与外延长管6的内径相等；固定塞7和活动塞8的上端为圆筒形，固定塞7上端内径与活动塞8上端外径相等，活动塞8上端嵌入固定塞7内部，固定塞7上端内缘设有卡槽，活动塞8上端外部与卡槽对应位置设有突起；转向轮15设在固轮塞13上外延长管6内，固轮塞上一侧设有观察孔16；外延长管6下部设有握柄10和卷锁轮9，握柄10一端设有固索孔12和固索螺丝11，固定卷锁轮9和握柄10的柱体上设有轴承。

操作时首先用螺丝刀拧松固定在握柄10上的固锁螺丝11，使钢锁5能在固索孔12内自由滑动，然后一手握住外延长管6，另一手握住内延长管4，并转动内延长管4，使套在固定塞7下端与活动塞8下端的空隙张开，从而使内延长管4在外延长管6内上下滑动，调整内延长4和外延长管6的总长度，使剪刀位置高低适合对要进行疏花疏果的部位。调整好总长度后，再反向转动内延长管4，由于固定塞7下端外部和活动塞8下端内部是椭圆形的，这样固定塞7下端椭圆形突起部分便外撑活动塞8下端套在固定塞8下端椭圆形内陷的部分，使活动塞8下端外部与外延长管6内壁接触更为紧密，内延长管4便不能在延长管6内任意滑动。然后通过观察孔16使钢锁5放置在转向轮15的轮槽内，再捏住没有卷在卷锁轮9上的钢锁5，调整钢锁5的松紧度，使固定刀口1和活动刀口2能在撑簧14撑力及钢锁5拉力的作用下顺利张合，然后用螺丝刀拧紧固锁螺丝11，把钢锁5固定在固索孔12内，剩余的钢锁5缠绕在卷锁轮9上。疏花疏果时一手握住外延长管6合适位置，另一手握住外延长管6握柄10附近位置，将需要疏除的花柄或果柄放在固定刀口1合拢，将花柄和果柄剪下，完成操作。然后松开握柄10，活动刀口2与固定刀口1便在撑簧14作用下张开，继续下一个操作过程。

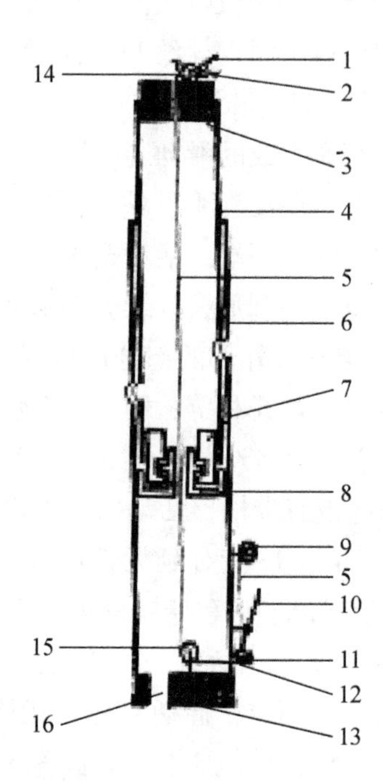

1—固定刀口；2—活动刀口；3—固剪塞；4—内延长管；5—钢锁；6—外延长管；
7—固定塞；8—活动塞；9—卷锁轮；10—握柄；11—固锁螺丝；12—固索孔；
13—固轮塞；14—撑簧；15—转向轮；16—观察孔

图 12-20　疏花疏果剪示意

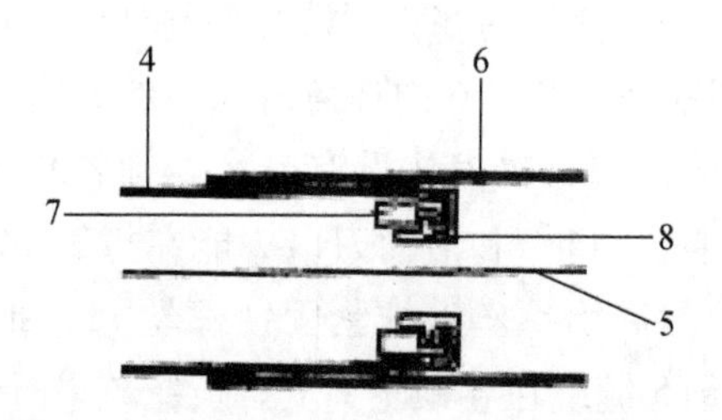

4—内延长管；5—钢锁；6—外延长管；7—固定塞；8—活动塞

图 12-21　疏花疏果剪滑动套的纵剖面结构示意

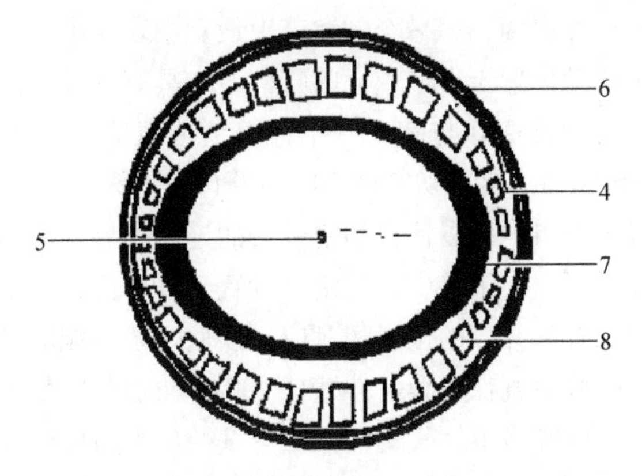

4—内延长管；5—钢锁；6—外延长管；7—固定塞；8—活动塞

图 12–22　疏花疏果剪滑动套的横剖面结构示意

十、可调节式采果器

（一）研发背景

在果树上，果实采摘主要是靠人双手。采摘中，其存在的一个问题是，树上高处的果实较难采摘。一般是爬上树或用人字梯去采摘，这两种方法都存有不足。爬树方法只能对大树，小树或大树的小枝条都没办法采到，且爬树采摘有一定的危险：用人字梯方法需随身携带，劳动量大，且人字梯的使用既不方便又不灵活，人爬到人字梯上仍存有摔下来的危险。并且，用简易采果器采集会使水果直接下坠，容易造成果实本身损伤。

（二）研发目的及设计内容

本工具研发目的是解决果树果实采摘上存在的问题，提供一种可调节式采果器。

在一次采果中，如图 12–23、图 12–24 所示，可调节式采果器包括伸缩杆 100、切割件 200 和收集件 300。伸缩杆 100 包括至少两个伸缩节，伸缩节具有圆柱体结构，且各伸缩节内部中空，各伸缩节一次套接；相邻的两个伸缩节中的其中一个沿轴向开设有滑槽，另一个伸缩节上设置滑轨，滑轨滑动设置于滑槽内；相邻的两个伸缩节中的一个开设有卡口，卡口贯穿该伸缩节的内侧表面和外侧表面，另一个伸缩节上设置卡块。卡块通过弹性件与伸缩节连接，卡块活动设置于卡口内，收集件300具有一开口，收集件300与一伸缩节连接。切割件200与其中一个伸缩节或收集件300连接。切割件200与其中一个伸缩节连接，切割件200与开口对应设置。

切割件设置于开口内。以使得切割果实的连接茎后，果实能准确地落入收集件内部。相似另一次采果中，切割件设置于开口内，切割件与开口具有间隙，切割件的位置和开口的位置相对应，以使得果实能准确地落入收集件内部。各伸缩节的截面直径相异，伸缩杆100由伸缩节按截面直径由大至小一次套接而成。具体实施中，收集件300与直径最小的伸缩节连接，且收集件300连接于直径最小的伸缩节的远离其他伸缩节的一端。

如图12-24所示，伸缩杆100包括3个伸缩节，即第一伸缩节110、第二伸缩节120和第三伸缩节130。3个伸缩节的截面直径依次增大。第三伸缩节130套设于第二伸缩节120上，第二伸缩节120套设于第一伸缩节110上。第三伸缩节130的内侧表面低于第二伸缩节120外侧表面，第二伸缩节120内侧表面抵接于第一伸缩节110外侧表面。

如图12-24所示，第三伸缩节130和第二伸缩节120的内侧表面沿轴向分别开设有滑槽，第一伸缩节110和第二伸缩节120的外侧沿轴向分别设置滑轨，第三伸缩节130套设于第二伸缩节120上时，第二伸缩节120上的滑轨123沿第三伸缩节130上的滑槽134滑动，第二伸缩节120套设于第一伸缩节110上时，第一伸缩节110上的滑轨113沿第二伸缩节120上的滑槽124滑动。

如图12-24所示，在第二伸缩节120的外侧设置卡块122，卡块122通过弹片121与第二伸缩节120连接，弹片121的一端与第二伸缩节120连接，弹片121的另一端与卡块122连接，在第三伸缩节130上开设有卡口135，当第二伸缩节120相对于第三伸缩节130滑动至预设位置时，在弹片的弹力作用下，卡块活动设置于卡口内，并以此使得第二伸缩节120和第三伸缩节130相对固定。

如图12-24所示，第一伸缩节110的外侧设置卡块112，卡块112通过弹片111与第一伸缩节110连接，弹片111的一端与第一伸缩节110连接，弹片的另一端与卡块112连接，在第二伸缩节120上开设有卡口125，当第一伸缩节110相对于第二伸缩节120滑动至预设位置时，在弹片的弹力作用下，卡块活动设置于卡口125内，并以此使得第一伸缩节110和第二伸缩节

120 相对固定。在具体操作中，如图 12-23 所示，收集件 300 的外侧表面与第一伸缩节 110 远离第二伸缩节 120 的一端连接，且切割件 200 与第一伸缩节 110 远离第二伸缩节 120 的一端连接，切割件 200 与收集件 300 的开口 301 对应设置。

如伸缩杆包括 3 个伸缩节，即第四伸缩节、第五伸缩节和第六伸缩节。第四伸缩节和第六伸缩节的截面直径相等，第五伸缩节的截面直径小于第四伸缩节和第六伸缩节的截面直径。第四伸缩节套设于第五伸缩节的一端，第六伸缩节套设于第五伸缩节的另一端，第四伸缩节的内侧表面活动抵接于第五伸缩节的外侧表面，第四伸缩节的内侧和第六伸缩节的内侧上沿轴向分别设置滑轨，第五伸缩节的外侧表面上开设有滑槽，第四伸缩节的滑轨和第六伸缩节的划轨滑动设置于滑槽内，以使得第四伸缩节和第六伸缩节沿第五伸缩节的外侧表面相对滑动。在一次采果中，在第五伸缩节一端的外侧设置第一卡块，第一卡块通过弹片与第五伸缩节连接，即弹片的一端与第五伸缩节连接，弹片的另一端与第一卡块连接，在第四伸缩节上开设有卡口，当第五伸缩节相对于第四伸缩节滑动至预设位置时，在弹片的弹力作用下，第一卡块活动设置于卡口内，并以此使得第五伸缩节和第四伸缩节相对固定。第五伸缩节另一端的外侧设置第二卡块，第二卡块通过弹片与第五伸缩节连接，即弹片的另一端与第五伸缩节连接，弹片的另一端与第二卡块连接，在第六伸缩节上开设有卡口。当第五伸缩节相对于第六伸缩节滑动至预设位置时，在弹片的弹力作用下，第二卡块活动设置于卡口内，并以此使得第五伸缩节和第六伸缩节相对固定。在具体实施中，收集件的外侧表面与第四伸缩节远离第五伸缩节的一端连接，且切割件与第四收缩节远离第五伸缩节的一端连接，切割件与收集件的开口对应设置。

这两个采果过程并非用于限定伸缩杆具有的伸缩数量，实际上伸缩杆能通过 2 个、3 个、4 个、5 个或者更多个的伸缩节构成，相邻两个伸缩节之间的连接结构能采用前述两个采果过程的实现方式。

通过若干伸缩节调节伸缩杆 100 的长度，能将可调节式采果器上切割件 200 和收集件 300 移动至所需的具体高度，对树上果实进行采摘，通过切割件 200 对果实的连接茎进行切割，并使果实通过开口 301 落入收集件 300 内，通过滑轨沿滑槽滑动，以使得在伸缩杆 100 的使用过程中，避免伸缩节的相对转动，从而有利于操控位于远端的切割件 200 和收集件 300。另外，通过卡块设置于卡口内，在弹性件的弹力作用下能使相邻两个伸缩节之间起到固定作用，避免伸缩节相对滑动，提升伸缩杆100的稳定性，有利于对可调节式采果器进行操控。

具体地，卡块活动设置于卡口内时，卡块抵接于卡口的侧壁，以获得卡口的侧壁的支撑。从而实现卡块设置于卡口内，使两个伸缩节之间取得相应的固定效果。为进一步准确调节伸缩杆100的长度，在一个采果过程中，如图12-24所示，伸缩节上的卡口数量为多个，且多个卡口沿伸缩节的轴向间隔设置，卡块活动设置于一卡口内。即具有卡口的伸缩节上的卡口数量为多个，以使得相邻的伸缩节上的卡块可选择地设置在一个卡口内，从而起到多级调节的作用，对伸缩杆100整体长度的调节会更为准确。切割件与所述收集件的内侧连接，且切割件位于开口处。如切割件与一伸缩件连接，且切割件与开口对应设置。

切割件200用于将果实与树枝之间的连接茎切断。如切割件200为刀片。通过刀片对连接茎进行切割，能使得果实从连接茎上取下。刀片的刀刃处具有锯齿结构，一些连接茎较结实的果实，通过一次切割难以取下的，通过锯齿结构，能对连接茎进行来回切割，以切断果实的连接茎。在比如，如图12-23所示，切割件200为钩子。一些连接茎较脆弱的果实，没必要使用刀片的，能使钩子钩断连接茎取下果实，钩子因不具有锋刃，对果实或采摘人员都更为安全。收集件300用于收集从树上取下的果实，如图12-23所示，收集件为网兜。再如收集件300为塑料铜。又如收集件300为布袋。

如图12-23所示，网兜的截面宽度由靠近开口301的一端至另一端先减小后增大。即网兜的截面宽度由网兜的开口至网兜的中部逐渐减小，网兜的截面宽度由网兜的中部至网兜的底部逐渐增大，果实受重力的作用会从开口301进入，并落至网兜中部，随着网兜的截面宽度逐渐减小，果实沿网兜内侧缓缓下落，起到缓冲作用。当果实通过截面宽度最小处时，网兜的截面宽度逐渐增大以增大网兜的内部空间用于容纳多个果实，从而起到取下果实时使得果实具有缓冲效果，避免果实损坏。

为实现弹性件的功能，如弹性件为弹片。再如弹性件为弹簧。弹性件用于使得卡块活动设置于卡口内，并用于当对卡块施力时使卡块克服弹力离开卡口，即用于实现卡块活动设置于卡口内，并用于当对卡块施力时使卡块克服弹力离开卡口，即用于实现卡块活动设置于卡口内以使得相邻的伸缩节之间能灵活地进行固定。

在采果过程中，相邻的伸缩节中，宽度较小的伸缩节上设置卡块，弹性

件的一端与伸缩节的外侧表面连接，弹性件的另一端与卡块连接，卡块活动设置于另一伸缩节的卡口内。

在一次采果过程中，还包括防滑套，防滑套活动设于端部的伸缩节上，防滑套的表面设置若干条纹，条纹增加手部和防滑套之间的摩擦力，使得把握伸缩杆 100 时更加稳定。事实上，防滑套为橡胶套，以增加摩擦系数，从而令握持伸缩杆 100 时更加稳定。

在一次采果过程中，如图 12-23 所示，调节式采果器还包括辅助杆 400，辅助杆 400 的一端与伸缩节外侧表面转动连接。在一个采果过程中，辅助杆 400 的一端与伸缩节的外侧表面铰接，辅助杆 400 与伸缩杆位于中部的伸缩节连接。进而，辅助杆 400 有多个伸缩节依次套接而成。当在收集件中收集到多个果实时，收集件会因此重量上升，但因此频繁地将果实取下来又会导致生产效率下降，所以，当可调节式采果器过重时，能通过持握辅助杆 400，令辅助杆 400 和伸缩杆呈一个夹角，通过辅助杆 400 提供一个与伸缩杆不同方向的支撑力。如伸缩杆可以相对转动于辅助杆 400，使伸缩杆移动至相应的角度以满足采集要求，而辅助杆 400 则始终保持与水平面垂直，以通过持握使辅助杆 400 能提供与地心引力相反方向的支撑力，从而有效分担收集件上的重力，令采摘更加轻松。另外，还可双人同时使用，一人来通过伸缩杆来操作果实的采摘，另一人握持辅助杆 400，以分担收集件上的重力，使得采摘更加轻松。

在另一个采果过程中，如图 12-23 所示，辅助杆 400 的一端通过万象管 500 与伸缩节的外侧连接。具体地，万向管包括软管 510 和若干金属线 520 设置于软管 510 内，金属线在常温下为固态金属线。具体地，金属线 520 的一端与辅助杆 400 连接，软管 510 的另一端与伸缩节连接。通过软管 510 包裹固定金属线 520 形成万向管 500，该万向管 500 沿金属线 520 的轴向上拥有良好的支撑力，但在金属线 520 的截面方向上具有延展性，以此实现辅助杆 400 和伸缩杆之间的转动连接，且使辅助杆 400 拥有支撑作用。采用的金属线可为铜线、铁线或银线。

（三）本工具优点

通过若干伸缩节调节伸缩杆的长度，能将采果器上的切割件和收集件移动至所需的高度，对树上的果实进行采摘。通过切割件对果实与树枝之间的连接茎进行切割，并使果实通过开口落入收集件内。通过滑轨沿滑槽滑动，以使得在伸缩杆的使用过程中，避免伸缩节的相对转动，从而有利于操控位于远端的切割件和收集件。另外，通过卡块设置于卡口内，在弹性件的弹力作用下能使相邻两个伸缩节之间起到固定作用，避免伸缩节相对滑动，提升伸缩杆的稳定性，有利于对采果器进行操控。

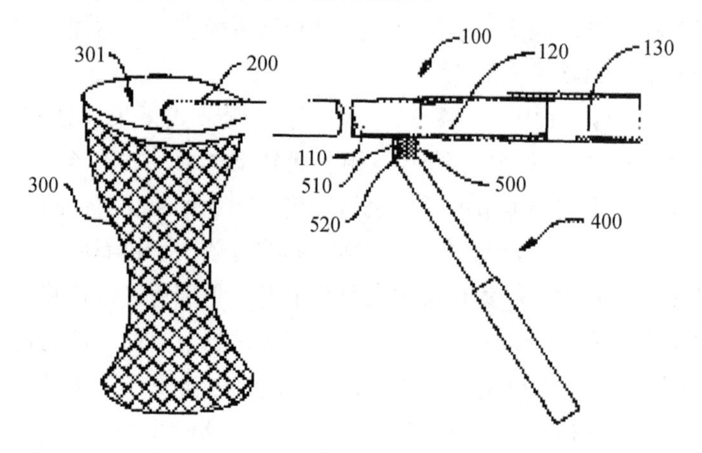

100—伸缩杆；110—第一伸缩节；120—第二伸缩节；130—第三伸缩节；200—切割件；300—收集件；301—开口；400—辅助杆；500—万象管；510—软管；520—金属线

图 12-23　一个采果过程可调节式采果器的局部剖视结构示意

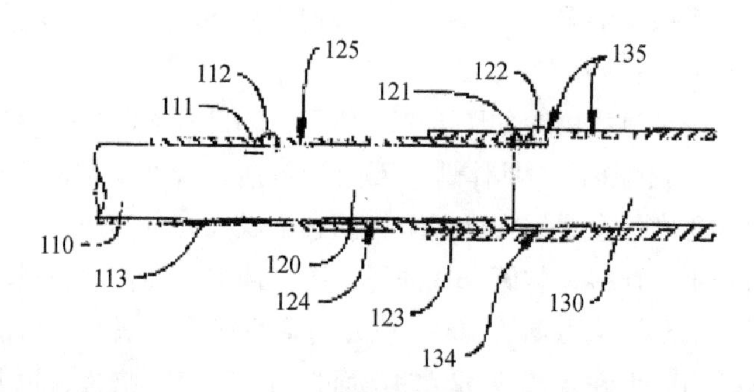

110—第一伸缩节；111—弹片；112—卡块；113—滑轨；120—第二伸缩节；121—弹片；122—卡块；123—滑轨；124—滑槽；125—卡口；130—第三伸缩节；134—滑槽；135—卡口

图 12-24　一个采果过程中伸缩杆的局部剖视结构示意

思考题

红梨规模化栽培管理工具和机械有哪些？各是如何实施操作的？

参考文献

[1] 王尚堃，耿满，王坤宇．果树无公害优质丰产栽培新技术［M］．北京：科学技术文献出版社，2017.
[2] 尚晓峰．果树生产技术（北方本）［M］．重庆：重庆大学出版社，2014.
[3] 冯社章，赵善陶．果树生产技术（北方本）［M］．北京：化学工业出版社，2007.
[4] 马骏，蒋锦标．果树生产技术（北方本）［M］．北京：中国农业出版社，2005.
[5] 张国海，张传来．果树栽培学各论［M］．北京：中国农业出版社，2008.
[6] 贾敬贤．梨树高产栽培［M］．郑州：金盾出版社，1992.
[7] 张玉星．果树栽培学各论［M］．3 版．北京：中国农业出版社，2003.
[8] 张传来，刘遵春，苏成军，等．不同红梨果实中营养元素含量的光谱测定［J］．光谱学与光谱分析，2007，27（3）：595－597.
[9] 薛华柏，王芳芳，杨健，等．红皮梨研究进展［J］．果树学报，2016，33（增刊）：24－33.
[10] 王尚堃，杨学奎，张传来．新西兰红梨研究进展［J］．中国农学通报，2013，29（1）：65－70.
[11] 刘利民，孔德静，孙共明．新西兰红梨引种观察［J］．天津农林科技，2005（6）：26－28.
[12] 李秀根，杨健，王龙，等．红皮梨新品种‘红宝石’的选育［J］．果树学报，2016，33（12）：1588－1591.
[13] 杨金燕．‘八月红’梨在辽西地区的表现及栽培管理技术［J］．中国园艺文摘，2011（2）：165－166，183.
[14] 高洪彦．八月红梨在建平县的栽培表现［J］．北方果树，2014（2）：57－58.
[15] 李俊才，王斌，高庆福，等．红色‘南果梨’新品种‘南红梨’［J］．果农之友，2012（6）：7.
[16] 李俊才，王斌，高庆福，等．红色‘南果梨’新品种：‘南红梨’的选育［J］．果树学报，2012，29（3）：514－515.
[17] 刘建萍，阎春雨，程奇，等．早熟、优质、耐贮梨新品种新梨 7 号选育研究［J］．果树学报，2002，19（1）36－38.
[18] 王新建，刘小平，吴翠云，等．早熟优质梨新品种：新梨 7 号［J］．中国果树，

2003（3）：51－52.

［19］位杰，蒋媛，林彩霞．梨新品种‘新梨10号’的选育［J］．果树学报，2017，34（5）：639－642.

［20］李秀根，杨健．红皮梨优良品种：红太阳［J］．果农之友，2003（7）：12.

［21］任秋萍．梨新品种：红太阳梨引种观察初报［J］．中国种业，2003（11）：51.

［22］张刚牛．新品种“早酥红梨”在大荔的引种表现［J］．果浓之友，2013（6）：7.

［23］徐凌飞．早酥红梨主要性状和栽培要点［J］．西北园艺，2009（6）：48－49.

［24］任秋萍，张复君，吕福堂，等．梨浓红色新品种奥冠红梨的选育［J］．中国果树，2007（6）：12－13.

［25］任秋萍，张复君，吕福堂，等．红色砂梨新品种‘奥冠红梨’［J］．果农之友，2008（6）：11.

［26］姜淑苓，贾敬贤，马力．矮化红色优质梨新品种：香红蜜的选育［C］//全国第四届梨科研、生产与产业化学术研讨会论文集，2005.

［27］刘庆忠，赵红军，王茂生，等．红色西洋梨新品种：红安久［J］．果农之友，2001（1）：9.

［28］乐文全，张海娥，刘金利，等．红梨新品种‘香红梨’的选育［J］．果树学报，2016，33（7）：891－894.

［29］曾广娟．粉酪梨特性及栽培要点［J］．河北果树，2005（1）：20－21.

［30］王志龙，王志刚．红星梨在陕西乾县的引种表现［J］．西北园艺，2015（2）：33－34.

［31］王爱荷，王运香，陈言刚，等．早红考密斯梨在砀山地区的表现及栽培要点［J］．烟台果树，2004（4）：27.

［32］赵峰．西洋梨新品种：鲜美、凯思凯德［J］．农业知识，2003（2）：17－18.

［33］牛鹏斐，刘振廷，李书凤，等．保健果品红梨的生物学特性及栽培技术［J］．河北果树，2014（4）：18－19.

［34］李秀根，杨健，王龙．新西兰红梨在华北地区的表现及其生产中应注意的问题［J］．果农之友，2004（6）：6－7.

［35］卢伟红，辛贺明．果树栽培技术（北方本）［M］．2版．辽宁：大连理工大学出版社，2014.

［36］王尚堃，杜红阳，于醒．梨品种红香酥省力化丰产高效栽培技术［J］．中国果树，2014（1）：59－61.

［37］王尚堃，杜红阳．‘红香酥’梨密植栽培试验效果分析［J］．中国南方果树，2014，43（5）：117－120.

［38］张传来，金新富，杨成海．美人酥梨优质丰产栽培技术［J］．经济林研究，2004，22（4）：95－97.

[39] 万四新，杜纪格，张传来，等．满天红梨优质丰产栽培技术［J］．河南林业科技，2005，25（3）：55－56.
[40] 张传来．红酥脆梨优质丰产栽培技术［J］．山东林业科技，2005（3）：61－62.
[41] 王尚堃．梨规模化栽培关键技术［J］．山西果树，2017（3）：43－45.
[42] 张传来，周瑞金，金新富，等．喷施氨基酸液肥对红梨果实主要营养成分含量的影响［J］．西北林学院学报，2010，25（6）：38－40.
[43] 周瑞金，张传来，金新富，等．氨基酸液肥对满天红梨品质及产量的影响［J］．江苏农业科学，2010（3）：203－204.
[44] 张传来，周瑞金，金新富．氨基酸液肥对红酥脆梨影响的试验研究［J］．中国园艺文摘，2009（12）：14－15.
[45] 张传来，刘遵春，金新富，等．不同激素处理对红酥脆梨采前落果的影响［J］．江苏农业科学，2006（4）：85－86.
[46] 张传来，张建华，刘遵春，等．几种植物生长调节剂对满天红梨采前落果的影响［J］．中国农学通报，2006，22（2）：298－300.
[47] 张传来，刘遵春，金新富，等．植物生长调节剂对美人酥梨采前落果的影响［J］．安徽农业科学，2006，34（1）：29，31.
[48] 张传来，刘遵春，晋新生，等．几种生长调节剂提高杏梅坐果率的研究［J］．特产研究，2006（3）：18－19，26.
[49] 孙蕊，史西月，郭记迎．影响满天红梨着色的因素及措施［J］．果农之友，2006（7）：23.
[50] 王尚堃，李留振，郭忠磊，等．一种提高果树坐果率的方法：中国，CN107016618A［P］．2017－08－04.
[51] 李远想，王尚堃．梨再植病研究进展［J］．北方园艺，2019（4）：149－154.
[52] 王尚堃，于醒，李旭辉．红梨规模化优质丰产栽培技术［J］．特种经济动植物，2019（7）：37－40.
[53] 王尚堃，李之丽，赵丽敏，等．一种果树嫁接刀：中国，CN20622070U［P］．2017－06－09.
[54] 王尚堃，赵丽敏，李之丽，等．一种果树授粉器：中国，CN206101208U［P］．2017－06－19.
[55] 王尚堃，赵琳琳，朱宝成，等．一种果树可移动式自动升降修剪梯：中国，CN206737807U［P］．2017－06－19.
[56] 王尚堃，赵琳琳，李红霞，等．一种新型果树除草机：中国，CN206851297U［P］．2018－01－09.
[57] 李远想，王尚堃．一种新型果树除草机的设计［J］．时代农机，2018（5）：201，203.

[58] 王尚堃，孙玲凌，高志明，等．一种新型果树施肥机：中国，CN208285814U [P]. 2018-12-28.

[59] 王尚堃，孙玲凌，高志明，等．一种梨树拉枝器：中国，CN208609527U [P]. 2019-03-19.

[60] 郝建军，苏振伟，贾同国．一种疏花疏果剪：中国，CN205052272U [P]. 2016-03-02.

[61] 吴凡，李茂富，李脆玲，等．可调节式采果器：中国，CN208609433U [P]. 2016-03-19.

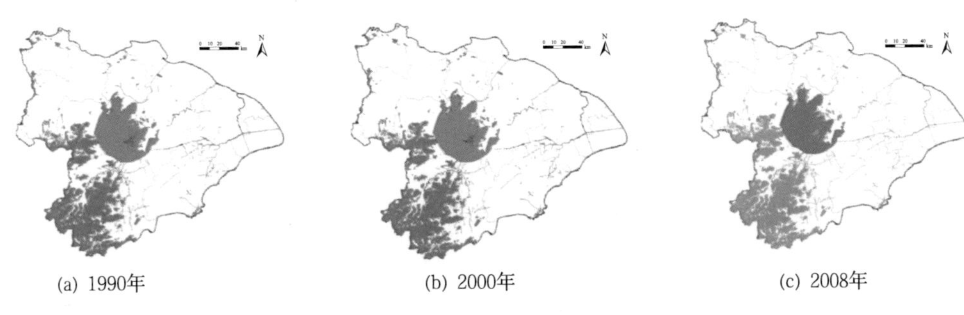

(a) 1990年　　(b) 2000年　　(c) 2008年

彩图14　典型年份涵养林的流域分布示意

彩图15　太湖流域涵养林特征

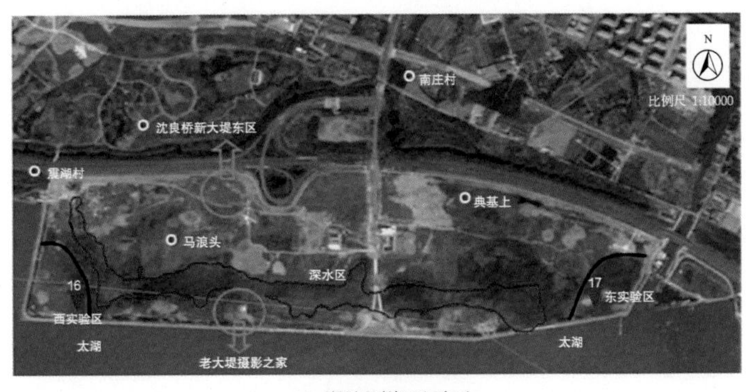

(a) 退渔还湖区平面

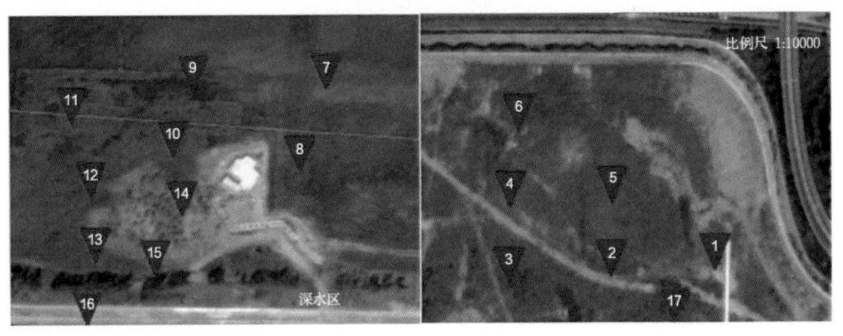

(b) 老大堤摄影师之家采样点位　　(c) 新大堤东区水陆交错带采样点位

彩图16　贡湖湾退渔还湖区采样点位示意

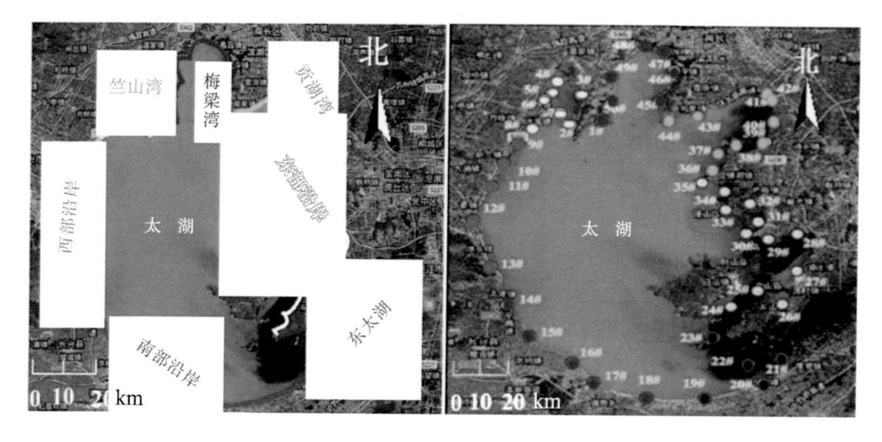

(a) 太湖湖滨带分区　　(b) 太湖湖滨带底泥采样点位

彩图17　太湖湖滨带分区及湖滨带底泥采样点位分布

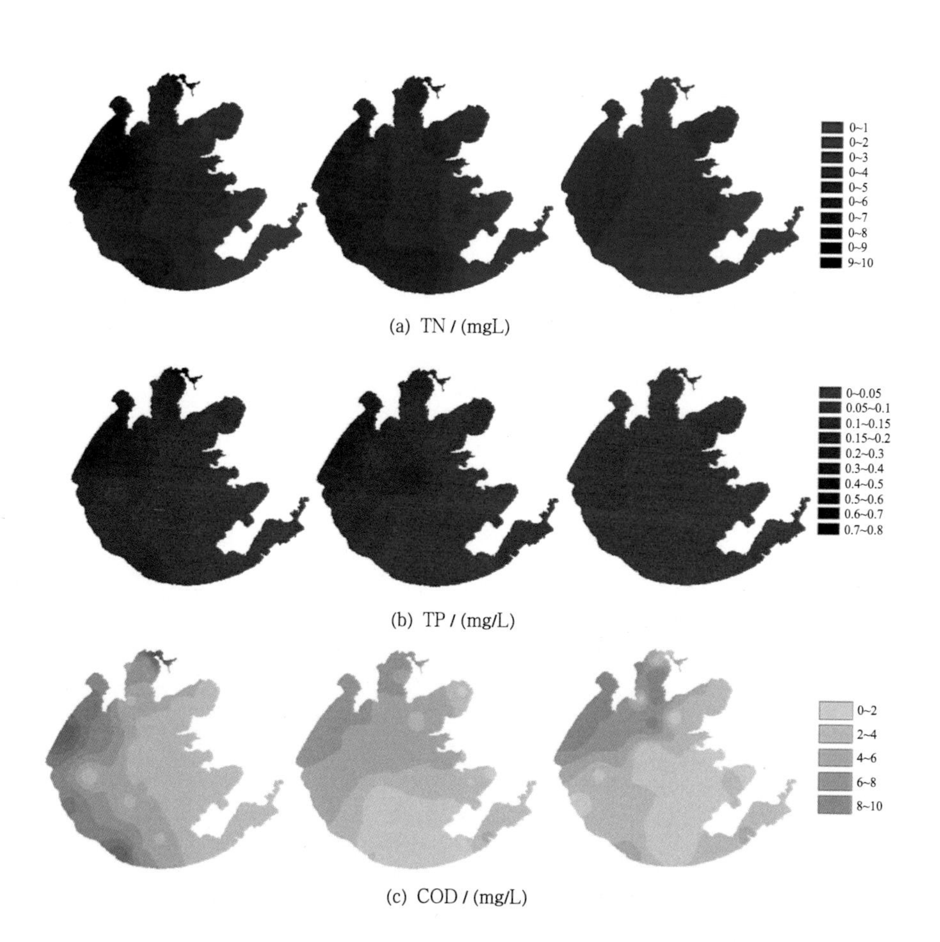

(a) TN / (mgL)

(b) TP / (mg/L)

(c) COD / (mg/L)

彩图18　2008~2010年太湖水体主要营养指标的浓度及空间分布特征

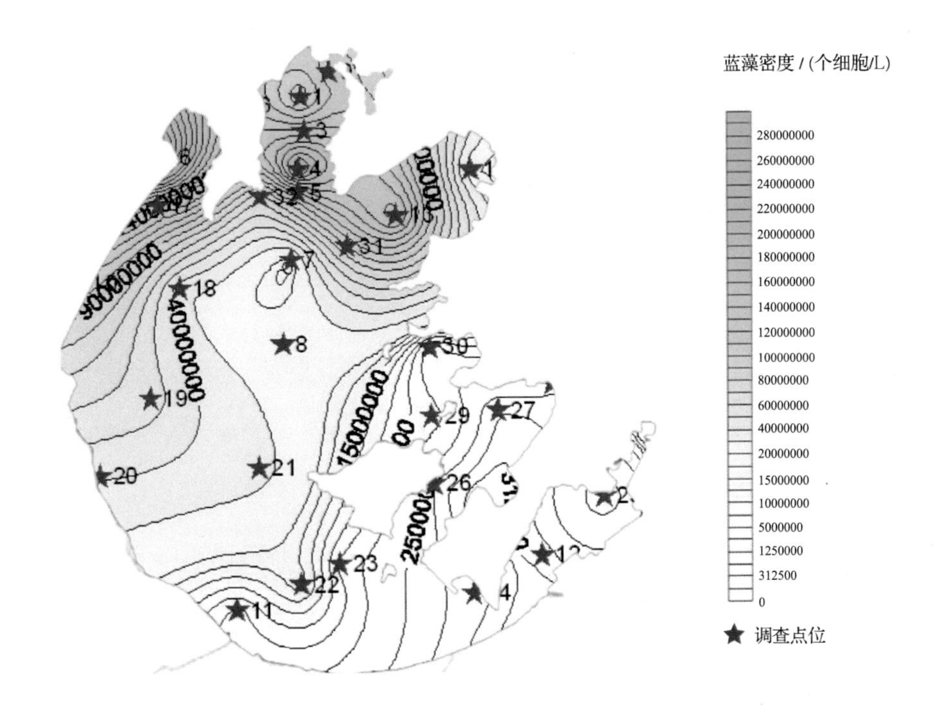

彩图19　2009年太湖水体中蓝藻密度的空间特征

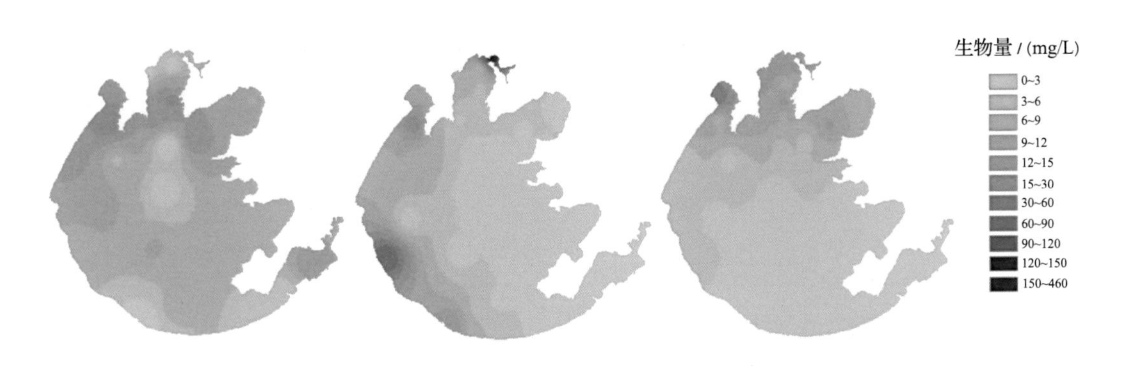

彩图20　2008~2010年太湖水体藻类生物量的空间变化特征

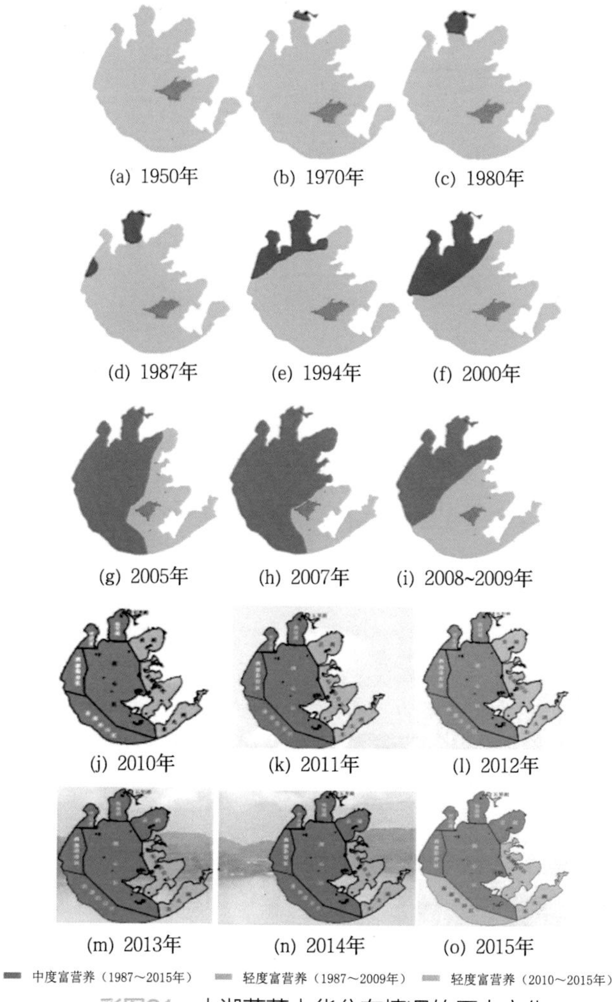

彩图21　太湖蓝藻水华分布情况的历史变化

注：20世纪50年代至2009年太湖蓝藻水华分布情况参考《太湖流域水污染及富营养化综合控制研究》，2010～2015年来自太湖流域管理局。

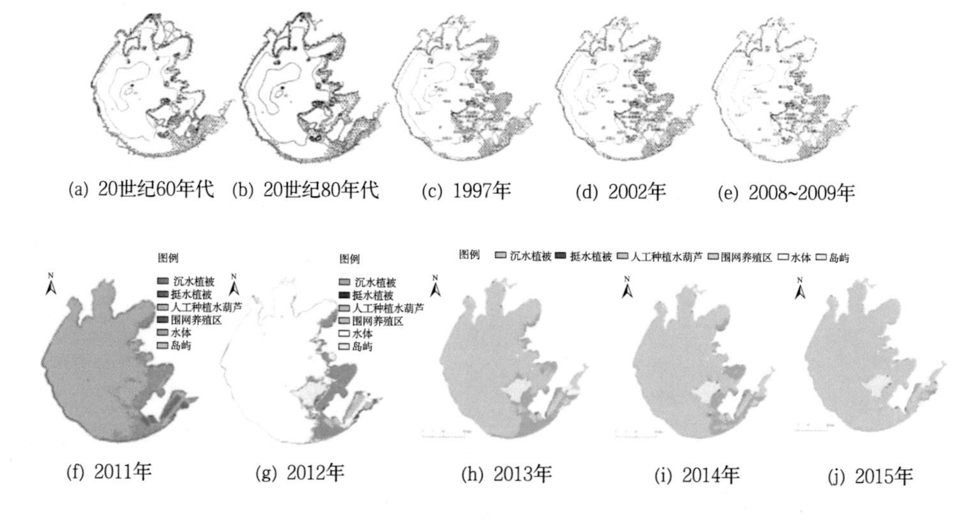

彩图22　太湖水生植物空间分布的历史变化特征

注：1959～2009年太湖蓝藻水华分布情况参考《太湖流域水污染及富营养化综合控制研究》；2011～2015年数据资料来自《太湖健康状况公报》。